防汛抢险典型案例实操手册

主编 徐卫明

中国水利水电出版社
www.waterpub.com.cn
·北京·

内　容　摘　要

本书由江西省防汛抗旱指挥部专家指导组、江西省水利规划设计研究院有限公司（现中铁水利水电规划设计集团有限公司）组织编写，系统总结了江西省 2020 年防汛抢险工作中各类险情处置典型案例以及新技术应用。全书共 5 章，包括绪论、堤防险情抢护案例、水工建筑物险情抢护案例、堵口案例、新技术应用等，介绍了各种险情的成因、抢护原则和抢护方法以及新技术应用情况，内容全面、通俗易懂，有很强的实用性，是防汛抢险人员难得的学习培训资料，对防汛抢险实践工作具有重要的参考价值。

本书可供从事防汛抢险工作的相关人员阅读，也可供堤防管理单位、勘测设计单位专业技术人员以及大专院校相关专业师生参考。

图书在版编目（ＣＩＰ）数据

防汛抢险典型案例实操手册 / 徐卫明主编. －－ 北京：中国水利水电出版社，2020.12(2022.5重印)
ISBN 978-7-5170-9362-6

Ⅰ．①防… Ⅱ．①徐… Ⅲ．①防洪－案例－手册
Ⅳ．①TV87-62

中国版本图书馆CIP数据核字(2021)第044952号

审图号：赣 S（2020）181 号

书　　　名	防汛抢险典型案例实操手册 FANGXUN QIANGXIAN DIANXING ANLI SHICAO SHOUCE
作　　　者	徐卫明　主编
出 版 发 行	中国水利水电出版社 （北京市海淀区玉渊潭南路 1 号 D 座　100038） 网址：www.waterpub.com.cn E - mail：sales@mwr.gov.cn 电话：(010) 68545888（营销中心）
经　　　售	北京科水图书销售有限公司 电话：(010) 68545874、63202643 全国各地新华书店和相关出版物销售网点
排　　　版	中国水利水电出版社微机排版中心
印　　　刷	北京印匠彩色印刷有限公司
规　　　格	170mm×240mm　16 开本　9.25 印张　161 千字
版　　　次	2020 年 12 月第 1 版　2022 年 5 月第 2 次印刷
印　　　数	3001—4500 册
定　　　价	**80.00 元**

自序

　　江西山川形胜，物华天宝，河流、湖泊众多。江西属于长江中下游地区的三大主要暴雨区之一，加上独特的地形气候条件，水灾多发。据史料记载，自东晋太元六年（381 年）至中华人民共和国成立的 1568 年间，流域共发生较大洪水 521 年次。清顺治四年（1647 年），"赣江、抚河春大水，南康、九江、建昌、抚州、饶州府夏大水。袁州府春夏大水，奇荒，葛根树皮食尽，遂食土"。中华人民共和国成立以来，江西省主要江河和鄱阳湖都先后发生过超标准洪水。1954 年长江发生全流域性大洪水，长江洪水和鄱阳湖洪水多次遭遇，湖区圩堤几乎溃决殆尽。1962 年赣江发生全流域性大洪水，南昌、丰城、樟树、高安等地多条圩堤溃决，吉安市、樟树市等城区进洪受淹。1998 年长江发生全流域性大洪水，九江长江大堤决口。2020 年鄱阳湖流域发生超历史大洪水，湖区单退圩堤全部分洪运用。

　　洪涝灾害威胁一直是江西省的心腹之患。为抵御洪涝灾害的侵袭，国家和地方加大了水利投资和基础设施建设，江西省已初步建成了以水库调蓄洪水、重点堤防抵御洪水、平垸分洪、蓄滞洪区蓄洪为一体的综合防洪工程体系，在抗御历次洪水中发挥了巨大的作用。与此同时，进一步加强了防洪非工程措施，建立健全了防汛指挥机构，强化了监测预报预警能力，加强了洪水调度管理，充实了防汛抢险队伍力量，提升了科技成果运用水平，为战胜历次洪水、最大限度地减轻灾害损失、保障国民经济发展、社会稳定和人民生命财产安全作出了重大贡献。

　　在长期的防汛抗洪斗争实践中，江西省凝聚各地水利专家和广大群众的勤劳和智慧，针对当地实际和险情特征，因地制宜，摸索出一整套行之有效的巡堤查险、险情抢护处置的办法和成功经验。为总结防汛抢险技术、方法和经验，提升防汛抢险工作水平，在江西省防汛抗旱指挥部专家指导组的指导下，江西省水利规划设计研究院有限公司组织编制了《防汛抢险典型案例实操手册》。该手册阐述了2020年防汛抢险处置案例、新技术新设备应用等情况，介绍了各种险情的成因、抢护原则。手册内容全面、通俗易懂，对防汛抢险实践工作具有较好的指导性，是非常实用的防汛抢险学习培训资料。

是为序。

作者

2020 年 9 月

前言

　　江西省是长江中下游地区的三大主要暴雨区之一，水灾多发，洪涝灾害一直是全省的心腹之患。

　　2020年7月，江西省北部和中北部地区多次遭受暴雨或大暴雨袭击，饶河、信江、修河及鄱阳湖先后多次发生编号洪水和超警戒洪水。受强降雨及长江中上游来水的共同影响，长江、鄱阳湖水位全线超警戒，防汛形势异常严峻。7月3日18时，江西省防汛抗旱指挥部（以下简称"防指"）启动防汛Ⅳ级应急响应，7月8日10时起应急响应提升至Ⅲ级，7月10日10时起提升至Ⅱ级，7月11日10时起提升至Ⅰ级。

　　为深入贯彻落实中央有关防汛抗洪工作的重要指示精神和"人民至上，生命至上"理念，7月10日上午，江西省水利厅召开防汛紧急动员会，动员部署全厅干部职工全力以赴打赢防汛抗洪攻坚战。

　　7月8日至8月21日，江西省防指提前谋划、统筹协调、指挥得力、调度有方，共向九江、南昌、上饶等地重点圩堤派出22批264位防汛抢险专家，专家和一线防汛抢险人员针对出现的渗水、泡泉、漏洞、崩岸、塌坡、跌窝、漫溢等各类险情，及时采取了科学的抢险技术和方法，累计指导处置险情2075处。

　　在抗御2020年鄱阳湖流域超历史大洪水的实践中，专家指导组和一线防汛抢险人员充分运用新技术助力抗洪，采用无人机、大数据、云计算、高密度电法探测等一系列高新技术成果和手段，提前预测、查险会诊，为防汛抢险赢得了宝贵的时间；成功研发了"智慧水利防汛会诊"平台，通过前后方专家视频互动会诊，共同商议重大疑难险情处置方案,确保了防汛抗洪抢险的全面胜利。

为总结 2020 年江西省防汛经验,提高防汛抢险工作中应对和处置险情的技术水平,在江西省防指专家指导组的指导下,江西省水利规划设计研究院有限公司(现中铁水利水电规划设计集团有限公司)成立了编写组,组织编制了《防汛抢险典型案例实操手册》。

本手册中各类险情信息、典型案例等资料的收集、整理、统计和分析得益于智慧水利防汛会诊平台以及专家指导组的工作总结和体会。全书共 5 章,包括绪论、堤防险情抢护案例、水工建筑物险情抢护案例、堵口案例和新技术应用。第 1 章由张冬、吴小毛编写;第 2、第 3 章由张冬、刘仁德、万燎榕、李彧玮、张秀峰、邹昕、张娜、孙文萍编写;第 4 章由张冬、刘仁德、李彧玮编写;第 5 章由李连国、张秀峰、邹昕编写;全书由张冬统稿。邹军贤、张建华、李春华、胡永林、吴学林、谢卫生、詹青文对本手册进行了审定。封面照片资料由张李荪提供。本手册在编制过程中,多次征求了江西省水利厅各厅直属单位领导和专家的意见和建议,并经江西省防指专家指导组的充分讨论,进行了逐步修改和完善。

感谢江西省水利厅各单位及专家组成员对本手册出版的大力支持!

由于编写时间紧迫以及编写人员水平有限,不当之处,敬请读者批评指正。

作者

2020 年 9 月

目录

第1章

绪　论

1.1　基本情况

　　江西省位于长江中下游南岸，介于东经 113°35′ 至 118°29′、北纬 24°29′ 至 30°05′ 之间，东邻浙江、福建，南接广东，西连湖南，北毗湖北、安徽。境内地势南高北低，边缘群山环绕，中部丘陵起伏，北部平原坦荡，四周渐次向鄱阳湖区倾斜，形成南窄北宽以鄱阳湖为底部的盆地状地形。江西省南北长 620km，东西宽 490km，全省土地总面积为 16.69 万 km²，占全国土地总面积的 1.74%。全省土地总面积中，山区面积为 6.01 万 km²，丘陵区面积为 7.01 万 km²，平原区面积为 3.67 万 km²，分别占全省总面积的 36%、42% 和 22%。

　　江西省雨水丰沛，水资源丰富。全省多年平均年降水量为 1638mm，居全国第 4 位；多年平均水资源总量为 1565 亿 m³，人均水资源量为 3557m³，均居全国第 7 位。江西河网密布，水系发达，长江有 152km 流经江西，境内赣江、抚河、信江、饶河、修河❶五大河流（以下简称"五河"），从东、南、西三面汇流注入中国最大淡水湖——鄱阳湖，经调蓄后由湖口注入长江，形成一个完整的鄱阳湖水系。

　　鄱阳湖水系流域面积为 16.22 万 km²，相当于全省国土面积的 97%，约占长江流域面积的 9%。经鄱阳湖调蓄注入长江的多年平均水量 1460 亿 m³，占长江总水量的 15%，超过黄河、淮河和海河入海水量的总和。鄱阳湖

---

❶　修河又称修水，以下同。

丰、枯时的湖体面积、湖体容积相差极大，最高水位时，湖体面积约为 4550km^2，最低水位时湖体面积仅为 239km^2。

1.2　鄱阳湖流域洪水特性和洪水灾害

1.2.1　鄱阳湖流域洪水特性

鄱阳湖流域洪水受五河及长江来水的双重影响。赣江、抚江、信江、饶河、修河等五河洪水由暴雨形成，洪水季节与暴雨季节相一致。一般每年自 4 月起，五河流域开始出现洪水，但峰量不大；5 月、6 月为洪水出现的主要季节，尤其是 6 月，往往由大强度暴雨产生峰高量大的大量级洪水。年最大洪水多出现在 5 月至 7 月上旬，其间湖水位随五河洪水上涨；五河洪水过程的长短和峰型变化，受其流域内暴雨分布、降水历时、干支流洪水组合等影响。据五河出口控制站资料统计，赣江一次洪水历时通常在 10d 以上，抚河和信江一般为 7d，饶河为 5～7d，修河为 4～7d，峰型以复峰居多。长江洪水多发生在 7—9 月，其间因长江洪水顶托或倒灌而维持湖区高水位；10 月至次年 3 月是湖区的枯水期。鄱阳湖洪、枯水位的变化基本上与五河来水、长江来水相应。

受五河、长江洪水的双重影响，湖区洪水以单峰或双峰的形式出现。当五河洪水推迟，长江洪水提前，两者遭遇，或两者虽不遭遇，但五河洪水很大，长江洪水较小，湖区洪水过程将以单峰形式出现；五河洪水较早，长江洪水较迟，两者虽互有影响，但不遭遇，湖区洪水过程将以双峰形式出现。无论是单峰或双峰的洪水位，都可能是当年最高水位。1950 年以来的几十年中，湖区洪水过程单峰型占 47%，双峰型占 53%，双峰型洪水位一般不及单峰型高，但退水比单峰型慢。

1.2.2　洪水灾害

独特的地形气候条件，使得江西省洪水灾害频繁。江西河流均为雨洪型河流，流域暴雨中心有多处，暴雨雨型较多，不同的雨型形成不同量级的洪水。大暴雨往往引起山洪暴发，江河水位上涨，造成洪水灾害。五河尾闾及鄱阳湖因受五河洪水和长江洪水顶托双重影响，当长江洪水提前或五河洪水拖后时，江湖洪水遭遇，造成滨湖地区严重的洪水灾害。

据历年洪灾资料统计，江西省受洪灾威胁的地区主要在五河下游和鄱阳湖滨湖地区。

中华人民共和国成立前 20 年中，江西省发生较大洪水灾害的年份有 1931 年、1942 年等；中华人民共和国成立后至今，江西省共发生 21 次大洪水：1954 年、1955 年、1962 年、1964 年、1967 年、1968 年、1977 年、1982 年、1983 年、1989 年、1992 年、1994 年、1995 年、1996 年、1998 年、1999 年、2005 年、2010 年、2011 年、2016 年、2020 年。其中，1954 年、1998 年、2010 年、2020 年发生了流域性大洪水。

2020 年洪水灾害导致江西省约 780 万人受灾，造成水库、堤防、水闸等 47150 处水利工程的设施不同程度受损，全省 202 条单退圩堤主动进洪，1 座 5 万亩以上圩堤（三角联圩）溃口 1 处、2 座万亩以上圩堤（问桂道圩、中洲圩）各溃口 1 处，水利设施直接经济损失约 62 亿元。

1.3　江西省防汛抢险工作

在党中央、国务院的亲切关怀和大力支持下，江西省委、省政府高度重视水利工作，带领全省人民大干水利，成就显著。全省已建成各类水利工程 160 余万座（处），构建了较为完善的防洪减灾工程体系。但是，与国民经济和社会发展对水利基础设施的要求相比，还存在一定的差距，在防洪排涝工程建设、蓄滞洪区安全建设、应急处置能力等方面仍有不少短板，防汛抗洪仍是一项长期而又艰巨的任务。鄱阳湖区和五河尾闾地区受五河来水和长江洪水顶托倒灌的双重影响，洪水持续时间长，涉及范围广，是江西省防洪的重点地区。

1.3.1　入汛日期的确定

江西省法定入汛日期是 4 月 1 日，但有些年份的暴雨、洪水会提前发生，为使有关部门及时做好防范，有必要提前进入汛期。

（1）考虑暴雨、洪水两个方面的因素，入汛日期采用雨量和水位两个入汛指标之一确定。

1）雨量指标以实测连续 2d 累积雨量 80mm 以上雨区的覆盖面积表征。

2）水位指标以入汛代表站发生超警戒水位表征。入汛代表站是指位于防洪任务江（河）段、具有一定区域代表性、通常较早发生洪水的水文（位）站。

（2）每年自 3 月 1 日起，当入汛指标率满足下列条件之一时，当日可确定为入汛日期。

1）实测连续 2d 累积雨量 80mm 以上雨区的覆盖面积达到 1 万 km^2。

2）任一入汛代表站发生超过警戒水位的洪水。

2019 年，江西省降雨明显偏多，持续阴雨寡照天气，五河及鄱阳湖水位偏高，水库蓄水偏多。2019 年 3 月 4—5 日，累积雨量 80mm 以上的雨区覆盖面积为 1.35 万 km²，根据《江西省入汛日期确定办法（试行）》（赣汛〔2019〕9 号），3 月 4 日已达到进入汛期的标准。3 月 6 日，省防指决定江西省提前进入汛期。

1.3.2 防汛抢险工作部署

江西省防指根据《中华人民共和国防洪法》、《中华人民共和国突发事件应对法》、《江西省防汛抗旱应急预案》（赣汛〔2019〕44 号）等法律法规和有关规定，制订年度工作方案，成立防汛组织机构，明确职责分工，建立会议、会商、信息共享、值班值守等工作机制，对汛前准备、防守应对、灾后处置等各阶段的工作进行了明确部署。

江西省水利厅根据《江西省防汛抗旱应急预案》等有关要求，制定《江西省水利厅防汛抗旱应急预案》以及年度实施方案，明确厅机关处室及厅直属单位的任务分工，组建厅防汛抗旱应急工作组，明确工作组成员、督导检查人员和防汛抗旱专家库人员名单及职责，并根据预案启动的应急响应级别情况，适时集中办公，迅速有序有效地开展应急处置工作。

各级政府建立健全了防汛指挥机构，落实以行政首长负责制为核心的各项防汛责任制，认真组织落实防汛抢险队伍，制定防洪预案，不断加强防汛通信、雨情水情监测预报、洪水调度和防汛物资储备等工作。

1.3.3 防汛抢险工作实践

在长期的防汛抗洪抢险救灾斗争中，江西省各地防汛抢险工作者经过抢险实践，对各类险情的巡查、判断、抢护、处置等总结了一整套成功的工作方法，积累了十分丰富的防汛抢险经验，为战胜历次洪水、最大限度地减轻灾害损失，为保障国民经济发展和社会稳定作出了重要贡献。

面对 2020 年鄱阳湖流域超历史大洪水的挑战，针对沿江滨湖地区圩堤战线长、险点分散、险情复杂、专家熟悉程度等实际情况，省防指专家指导组及一线防汛专家建立险情处置联动和会商机制，在采用传统抢险技术的同时，不断研究、开发、利用新技术和新材料，战胜了一个个重大险情，取得了一次次胜利，进一步丰富、完善了抢险技术和方法。

第 2 章

堤防险情抢护案例

堤防是防御洪水的主要工程设施，主要是由土体筑成，易受渗流穿透、水流冲刷和风浪袭击的影响而遭受破坏。发生危及堤防安全的各种险情较多，这些险情是汛期抢险的重点。

2.1 险情的分类和定义

2.1.1 险情的分类

根据险情的发生原因和划分方式，各类文献对堤防险情的分类描述略有不同。国家防汛抗旱总指挥部办公室 1992 年 7 月组编的《防汛手册》对堤防险情的分类主要包括风浪、坍塌、漏洞、渗水、翻沙鼓水（泡泉、管涌、流土）、滑坡（脱坡）、陷坑（又称跌窝）、裂缝和漫溢等。国家防汛抗旱总指挥部办公室 1998 年 8 月编制的《堤防抢险技术》以堤防和坝高 15m 以下土坝的抢护为对象，按照险情发生的原因及其内在联系，将其归纳为渗漏、背水脱坡（滑坡）、临水崩塌（滑坡）和漫溢 4 类，其中渗漏包括渗水、管涌、流土和漏洞 4 种险情。各流域机构和各省防指结合本流域或本省的堤防实际和汛期险情特点对堤防险情类型又有着不同的分类。

根据江西省堤防的特点和 2020 年防汛抢险工作的实际情况，本手册对渗水（散浸）、泡泉（管涌、流土）、漏洞、跌窝（陷坑）、临水崩塌（崩岸、塌坡、风浪淘刷）、背水脱坡（滑坡）、漫溢 7 种堤防险情，分别介绍其定义、产生的原因、抢护原则、抢护方法以及典型案例分析。

风浪作为崩岸、塌坡发生的成因之一，纳入临水崩塌险情一并分析；

5

滑坡按照发生的位置，分别在临水崩塌和背水脱坡险情中进行阐述；裂缝一般是滑坡、跌窝、漏洞等险情的预兆，作为这些险情发生的表征之一，往往伴随这些险情同时发生。因此，本手册对风浪、滑坡、裂缝不作为单独的险情进行专门的介绍。

2.1.2　险情的定义

1. 渗水

渗水是指在汛期或高水位持续情况下，水从堤身背水坡或坡脚渗出，土层潮湿、发软，又称散浸。

2. 泡泉

泡泉是在江西省防汛抢险中对发生堤基渗流破坏的管涌和流土险情的统称，是指在汛期高水位时，圩堤背水坡脚附近或以外发生翻沙鼓水现象。管涌一般发生在砂性土中，土体中的细颗粒被水流带走；流土一般发生在黏性土中或非黏性土中，土体中的颗粒同时起动而流失。

3. 漏洞

漏洞是指在汛期或高水位情况下，圩堤背水坡及坡脚附近出现横贯堤身或基础的渗流孔洞。漏洞中以流水带沙的浑水洞最为危险。

4. 跌窝

跌窝是指在持续高水位情况下，在圩堤顶部、边坡或坡脚附近突然发生局部下陷而形成的险情，又称陷坑。这种险情既破坏堤防的完整性，又有可能缩短渗径，有时还伴随渗水、漏洞等险情发生，危及堤防安全。

5. 临水崩塌

临水崩塌是对临水面土体发生裂缝、滑坡、坍塌、崩岸、基础冲刷塌陷等险情的统称。

6. 背水脱坡

背水脱坡又称背水滑坡，险情发生时，一般在顶部或坡面上先出现圆弧形或纵向裂缝，随着裂缝发展，土体下挫滑塌。

7. 漫溢

漫溢是指洪水漫溢出顶部，或当遭遇超标准洪水，根据预报有可能超过堤顶时，可能发生圩堤漫顶溃决的险情。

2.2　渗水抢险

2.2.1　渗水险情的成因、抢护原则和方法

1. 成因

发生渗水险情的主要原因：水位超过堤防设计标准，高水位持续时间

较长、堤身断面单薄、背水坡偏陡、堤身土料透水性强又无防渗墙等防渗工程措施，堤身存在蚁穴、鼠洞等隐患，或有硬土块、砖石、树根等杂物，填筑时夯压不实，施工分段未按要求处理等，均会加大渗流流速，抬高浸润线，促使渗水险情发展。

2. 抢护原则和方法

抢护渗水险情的原则为临水截渗和背水反滤导渗。

临水截渗的抢护方法有土工膜堵截（根据实际可采用彩条布、篷布或油布等材料代替）、散抛黏土截渗、修筑前戗或围堤（土袋或木桩防冲墙）等。

背水反滤导渗的抢护方法有反滤导渗沟、贴坡反滤层（压重）导渗、反滤围井、透水后戗（透水压浸台）等。

2.2.2　江西省 2020 年渗水险情抢护情况

经统计，江西省 2020 年汛期出现 637 处抢护渗水险情。根据对渗水险情处置方案的统计分析，由于汛期外河水位高，对渗水险情的抢护方案以背水反滤导渗方法为主，效果较好。

2.2.3　案例分析

案例 1

矶山联圩中坝和下坝背水坡散浸抢护

1. 基本情况

矶山联圩位于江西省九江市都昌县，鄱阳湖湖盆北部，入江水道的右岸，都昌县城近郊。圩堤起于都昌县南山公园，止于射山余村，整个联圩由原矶山湖上坝、中坝、下坝和东湖坝四座主坝及社山、艄公塘、红卫三座副坝和县城防洪墙组成，堤线全长 5.86km，其中上坝长 0.17km、中坝长 1.534km、下坝长 2.30km、东湖坝长 0.65km、社山副坝长 0.406km、艄公塘副坝长 0.28km、红卫副坝长 0.12km、县城防洪墙长 0.40km。矶山联圩为鄱阳湖区重点圩堤之一，保护面积 27.5km²，保护耕地 1.65 万亩，保护人口 7.05 万人。圩区内是都昌县政治、经济、文化中心，联合国世界粮食计划署 2799 项目开发区，县城蔬菜供应及商品鱼养殖基地。

2010 年新建的西湖坝位于县城的西南侧，南临鄱阳湖，东起牛山，西至杜家怀，全长 0.228km，西湖坝替代原东湖坝、矶山湖上坝及县城防洪墙的防洪功能。

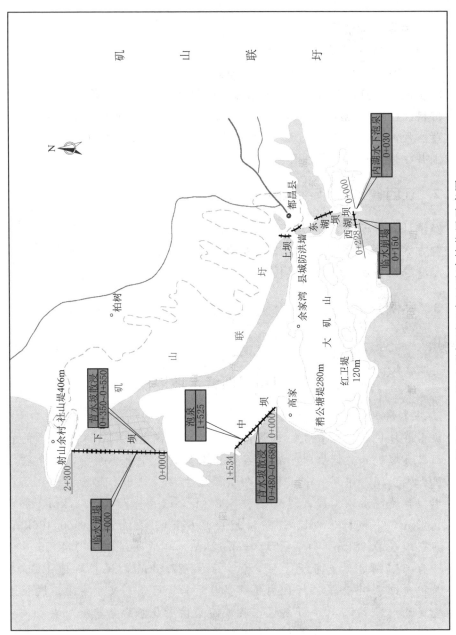

图 2.2 - 1　矶山联圩平面布置及险情位置示意图

2020 年 7—8 月，矾山联圩中坝和下坝部分堤段背水坡出现堤身散浸险情。圩堤背水坡出现大面积"冒汗"现象，堤身潮湿，脚踩有陷落感。矾山联圩平面布置及险情位置见图 2.2-1。

中坝堤身填土以砂壤土、砂土为主，夹壤土和黏土。下坝堤身填土以砂壤土、壤土为主，夹粉质黏土。

2. 原因分析

汛期外湖持续处于高水位，由于中坝、下坝的堤身土质主要为砂壤土，土体防渗性能较差，加之堤身存在蚁穴、蛇（鼠）洞、树根、暗沟等，堤身内部容易形成渗透通道，渗流渗径长度不够，浸润线抬高，渗水就会自堤内坡脚或者坡面上渗出。

3. 抢护方法及效果

抢护方法：采用贴坡反滤＋导渗沟的方法处置。

导渗沟采用人字形或 H 形，间距 5～10m，对于散浸较严重的堤段，在背水坡铺设贴坡反滤（或反滤压盖），坡脚开沟导渗并在沟内铺设反滤料，险情处置情况见图 2.2-2 和图 2.2-3。经处理，散浸现象逐渐消失。

图 2.2-2 散浸区域采用反滤压盖处理（资料来源：黄河）

4. 经验总结

（1）导渗沟内的反滤料级配要合理，既要能排出水又不能带走土，且不能让土堵塞空隙，阻止渗水排出。

图 2.2-3 散浸区域采用挖导渗沟处理（资料来源：黄河）

（2）导渗沟的开挖与反滤料的铺设宜同时进行。

案例 2

康山大堤桩号 31＋350～31＋800 段背水坡散浸抢护

1. 基本情况

康山大堤位于江西省余干县北部、鄱阳湖南岸，堤线西起康山垦殖场糯米嘴，向东北经梅溪嘴、沙夹里、锣鼓山、火石洲，向东过大湖口、寿港、甘泉洲至大堤东端里溪闸，与信瑞联圩隔埠相靠。圩堤属 4 级堤防，全长 36.25km，保护面积 343.4km²，保护耕地 14.43 万亩，保护人口 10 万余人。

康山大堤内的康山分洪区为鄱阳湖区四个分蓄洪区之一，承担长江超额洪水 15.66 亿 m³ 的分洪任务。圩区东邻信丰垦殖场，西连康山，南依信瑞联圩下游丘陵地带，北邻鄱阳湖。南部以低丘及小隔堤与信瑞联圩相邻。为防御康山分蓄洪区分洪来水，两圩区之间建有神口、松山、平安、民安、送嫁山、四十亩山、红莲、罗仂塘、新开河等九座隔堤，堤线全长 4.94km，圩区已形成完整的防洪封闭圈。

2020 年 6—7 月，大堤外侧鄱阳湖一直处于高水位，导致大堤桩号 31＋350～31＋800 段背水坡发生散浸险情，出险堤段背水坡堤身填土呈潮湿状，用脚踩有陷落感。康山大堤平面布置及险情位置见图 2.2-4。

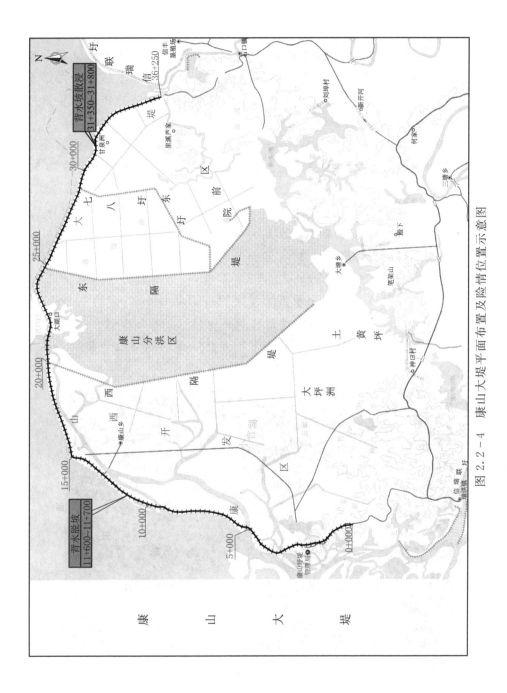

图 2.2 - 4　康山大堤平面布置及险情位置示意图

发生险情堤段堤身填土主要由黏土、壤土组成，局部含少量卵砾石，呈松散—稍密状态，填筑质量局部较差。由于堤身土主要由防渗性较强的黏性土组成，堤身总体质量较好，防渗性较强。但局部填土填筑质量较差，呈松散状，在汛期容易发生堤身集中渗漏及散浸险情。堤基上部主要由中更新统黏土组成，局部分布全新统淤泥质黏土，黏性土揭露厚度为 4.4～12.1m。下部由中更新统细砂、中砂、砂卵砾石组成，揭露厚度为 4.0～9.6m。

2. 原因分析

汛期外河持续处于高水位，堤身填土局部填筑质量较差，浸润线抬高，造成渗水险情。

3. 抢护方法及效果

抢护方法：采用反滤导渗沟的方法处置。

在出险堤段背水坡堤身按 10m 间距开挖人字形导渗沟（见图 2.2-5），导渗沟宽约 0.5m，深约 0.5m，沟内回填厚约 30cm 的砂卵石（见图 2.2-5）。在堤脚沿堤轴线方向挖一道纵向排水沟（沟宽 0.6m，深约 0.6m）与导渗沟相接，纵向排水沟排水至就近洼地、池塘（见图 2.2-6）。导渗排水体系开挖完成一段时间后，堤身渗水顺利排出，专家指导组此后数日到达该险情堤段时，发现堤身潮湿、"出汗"现象逐步缓解。

图 2.2-5　人字形导渗沟（资料来源：刘仁德）

图 2.2-6 堤身人字形导渗沟与堤脚纵向排水沟组成导渗
排水体系（资料来源：刘仁德）

4. 经验总结

在散浸险情堤段，除应在堤身开挖导渗沟外，还应在堤脚沿堤轴线方向开挖一条纵向排水沟与导渗沟相接，纵向排水沟断面尺寸应比导渗沟断面尺寸稍大，并按一定纵坡接至就近洼地或池塘。此做法的目的是避免导渗沟内渗水在堤脚漫流，从而导致堤脚土体变为饱和状态，诱发脱坡等险情。

2.3 泡泉抢险

2.3.1 泡泉险情的成因、判别、抢护原则和方法

1. 成因

发生泡泉险情的主要原因：一般是圩堤地基上面覆盖有弱透水层，下面有强透水层，在汛期高水位时，渗透坡降变陡，渗透的流速和压力加大。当渗透坡降大于地基表层弱透水层允许的渗透坡降时，即在圩堤背水坡脚

附近发生渗透破坏，或者在背水坡脚以外地面，因取土、开渠、钻探、基坑开挖及历史溃口留下冲潭等，破坏表层覆盖，在较大的水力坡降作用下冲破土层，将下面地层中的粉细砂等颗粒带出。

2. 泡泉险情的判别

（1）看位置：泡泉险情属于堤基渗流破坏，一般发生在背水坡脚附近地面或较远的坑塘洼地。

（2）观形状（现象）：泡泉多呈孔状，出水口冒水冒沙，冒沙处形成"沙环"。有时也表现为土块隆起（牛皮包）、膨胀、浮动和断裂等现象。水下泡泉在发生的坑塘水面将出现翻花鼓泡，水中带沙，色浑。

（3）探水温：用手或赤脚触摸察探，如水温低且有浸骨感觉，可能是泡泉。

3. 抢护原则和方法

抢护泡泉险情的原则为反滤导渗，控制涌水，留有渗水出路。

泡泉险情的抢护方法有反滤围井（砂石、土工织物等）、反滤压盖（适合险情范围大或泡泉群）、减压围井（蓄水平衡法）、透水压浸台等。

2.3.2　江西省 2020 年泡泉险情抢护情况

经统计，江西省 2020 年汛期发现泡泉险情 341 处。根据对泡泉险情处置方案的统计分析，针对泡泉险情的规模、位置和发展情况，对水下泡泉、泡泉群、远距离泡泉等分别采取了不同的抢护方法和措施，处置效果较好。

2.3.3　案例分析

案例 3

矶山联圩中坝桩号 1＋525 处泡泉抢护

1. 基本情况

矶山联圩基本情况详见案例 1。中坝全长 1534m，坝（堤）身主要为砂性土，此前对坝体已采用射水造墙处理，坝段外形整体基本良好，但坝体南、北两侧与山体交接处渗漏较为严重，尤以北端历史老泡泉处（松古山端）形势特别严峻。该处的堤身填土主要由中细砂等砂性土组成，堤基表层为厚度仅 0.1~0.2m 的黏性土，下部为透水性较强的中砂层，易产生渗透破坏，往年在坡脚处多次进行贴坡反滤处理。

2. 出险过程

2020 年 7 月汛期，当外湖水位为 19.73m（吴淞高程，下同）时，中坝多处老泡泉开始渗出清水；外湖水位为 22.11m 时，局部坝脚开始松软；外湖水位为 22.41m 时，泡泉处开始出大量浑水，其中桩号 1＋525（坝脚地面高程为 15.70m）处泡泉因多年出险，水土流失较大，掏空近 1.5m 深，该泡泉规模大，对堤防威胁较大。险情位置见图 2.2－1。

3. 原因分析

出险处为老泡泉，堤基表层黏性土层薄，下部为透水性较强的中砂层，当外湖水位为持续高水位时，险情发生。

4. 抢护方法及效果

抢护方法：采用反滤围井的方法处置。

围井内径视泡泉大小而定，井高视渗透压力而定，以渗透稳定、有水流出（释放能量）、不带泥沙为原则。先用铲子清理泉眼附近杂物，找准泉眼，采用袋装土（就近取土，主要仍为砂性土）将泉眼围起来形成围井。该处泉眼涌水量较大，能量较强，先压填一层卵石消杀水头，再压填一层瓜子片及小卵石，形成反滤体，一段时间后，泡泉出水变清，未见有泥沙带出，泡泉处于受控状态。本次泡泉险情处置，围井直径约 3m，高 0.6～1.2m，消耗袋装土 180 袋、瓜子片约 5t，砂卵石约 3t。险情处置情况见图 2.3－1 和图 2.3－2。

图 2.3－1　对泡泉进行反滤围井处置（资料来源：黄河）

15

图 2.3-2　反滤围井处置后效果良好（资料来源：吴礼玲）

5. 经验总结

对于老泡泉险情的处置，宜结合以往成功处置的经验和方法，效果明显。对于泡泉群的处置，宜采用反滤压盖或压浸的抢护方法，但对于其中规模较大的单个泡泉，应重点处置。

案例 4

乐丰联圩桩号 6+100 处泡泉抢护

1. 基本情况

乐丰联圩位于鄱阳县南部，鄱阳湖东岸，乐安河与信江东支交叉处，与饶河联圩隔河相望。堤线起自珠湖山，经波余脑、十字河、新垅口、方宋、章扬、至铁炉峰止，全长 26.136km。乐丰联圩属 4 级堤防，保护面积 74.8km²，保护耕地 7.2 万亩，保护人口 3.12 万人，属保护农田 5 万亩以上圩堤。保护区内主要保护对象有饶州监狱及鄱阳县乐丰农场、桐山乡、鄱余公路、昌景黄高铁等主要公路交通重要设施。

历年汛期中，桩号 4+000~5+000、12+705~12+735、13+200~13+230 等堤段发生过泡泉。2020 年 7 月 10 日，乐丰联圩桩号 6+100 处距背水坡堤脚约 70m 处发生泡泉险情，险情位置见图 2.3-3。发生险情处堤基上部黏土层较薄，下部为细砂及砂砾石层。

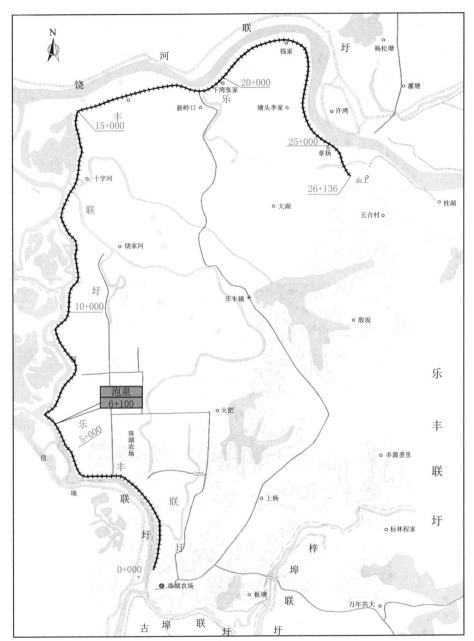

图 2.3-3 乐丰联圩平面布置及险情位置示意图

2. 出险过程

2020 年 7 月 10 日，巡查人员发现该泡泉，泡泉直径达 50cm，冒水量大，水质浑，有大量细砂带出，水温较低。

3. 原因分析

发生险情处堤段天然铺盖较薄，防渗作用差，汛期外河水位较高时，堤内外水头差变大，渗透压力随之增大，渗流击穿天然铺盖后，发生泡泉。

4. 抢护方法及效果

抢护方法：采用设置土袋围井＋压填砂卵石＋蓄水反压（蓄水平衡法）的方法处置。

7 月 10 日，当地发现险情后立即设置土袋围井，围井内压填砂卵石，险情得到初步控制；7 月 11 日，专家指导组巡查时发现还有翻沙现象且水质较浑，采取加高两层围井的方法，在泡泉眼附近铺设一层厚约 20cm 的粗砂，粗砂上部再压砂卵石，同时要求将水塘蓄满水，处理后水质变清。7 月 11 日处理时安排了一台返铲挖掘机和 70 余名武警官兵，处置历时约 3 小时。险情处置现场情况见图 2.3－4 和图 2.3－5。

图 2.3－4　处置现场（一）（资料来源：刘仁德）

5. 经验总结

（1）泡泉出现的位置可能位于堤脚附近，也可能位于距堤脚较远的水田、池塘或洼地中，所以在巡堤查险过程中，查险范围不应局限于堤身及堤脚附近，应尽量扩大查险范围。

图 2.3-5　处置现场（二）（资料来源：刘仁德）

（2）铺设反滤料的级配应尽量合理，在保留渗水出路的前提下，不让土层细颗粒被带走。在此次险情抢护过程中，围井内铺填砂卵石一段时间后，又继续出现翻沙现象，而在砂卵石下再铺填一层粗砂后，翻沙现象消失。

案例 5

西湖坝堤后内湖水下泡泉抢护

1. 基本情况

西湖坝基本情况详见案例 1。

西湖坝堤基上部主要为粉质黏土、黏土质砂，厚 5～20mm，下部为震旦系变质粉砂岩。

2. 出险过程

2020 年 7 月 14 日上午 9 时 20 分，在西湖坝桩号 0+030 堤后内湖（西湖排涝站排水压力钢管右侧约 2.5m 处）发现 1 处泡泉，当时外湖（鄱阳湖）水位约为 22.20m，内湖水位约为 16.00m，内外水位差约为 6.20m，险情位置见图 2.2-1。水面集中冒浑水，该处水深约为 2m，在近处能看见明显由水底往上翻滚至水面的水波（呈蘑菇云状），浑水水面为直径约

2m 的圆。通过一段时间的观察，发现浑水水面有扩大趋势，出水动能有增大趋势。出险情况见图 2.3-6 和图 2.3-7。

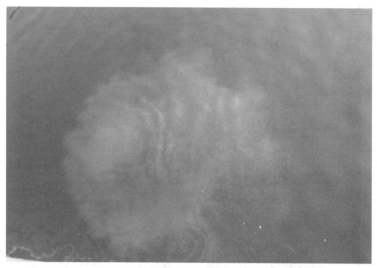

图 2.3-6　水下泡泉出险点水面情况（资料来源：黄河）

图 2.3-7　近距离查看出险点（资料来源：黄河）

3. 原因分析

（1）经查阅相关资料，发现建筑物基础下部有 2～5m 厚的黏土质砂，透水性较强。

（2）经查看水箱内水体情况及水流声音，研判分析有两种可能：一是紧靠出险点的排涝站水箱（与外湖相通，水箱内水位约为22.20m）底板出现裂缝，与内湖连通，在约6.20m水头差的压力下，水击穿内湖底土层薄弱地带，形成泡泉；二是2010年新建堤防（西湖坝）时清基不彻底，长期运行后形成渗透通道，外湖水经该通道击穿内湖湖底薄弱环节，形成泡泉。

（3）采用排除法判定出险原因。将排涝站水箱的水放至与内湖水位平齐后，出险点泡泉出水水量、动能和浑水量均未减少，且仍有扩大趋势，初步确定为高水头的外湖水沿堤基渗透通道进入内湖，击穿湖底薄弱地带，形成泡泉。

4. **抢护方法及效果**

抢护方法：采用水下反滤压盖的方法处置。

初定出险原因后，由于出水量大、水动能强、水较浑浊，认为此处泡泉对堤身危害大，且堤后为县城城区，人口密集，须进行及时有效的处理。专家指导组将该处险情的危害性及时报告县防汛抗旱指挥部，并建议应先将险情控制，县防汛抗旱指挥部按照专家指导组的建议进行紧急部署，调集前来支援江西的湖北消防官兵、当地的蓝天救援队（含潜水员）共100余人以及冲锋舟、卵石和瓜子石等物资。

抢险从傍晚6时30分开始，先通过潜水员潜入水中摸清泡泉眼位置、大小、水的上抬力度和周边情况，发现泉眼直径约为10cm。将直径约为5cm的卵石放至洞口，直接被水流顶托浮起来，泉眼附近为硬质地，1～2m内有细砂堆积。按照专家指导组制订的方案，先对泉眼中心抛卵石（刚开始抛2袋，效果不明显，抛5袋后，能量消散较多）进行填压，分散消减水流的集中能量，在泉眼3m范围内抛瓜子片石，厚约30cm，再在上层4m范围内抛卵石，厚约30cm，厚度控制的原则为水仍可以从此处出来，但不出浑水，抢险过程持续至第二天凌晨0时30分，当晚险情基本得到控制。抢险工作结束后，专家指导组要求进一步加强观察和排查周边水域。险情处置情况见图2.3-8～图2.3-11。此后，该处未见异常，周边水域未见异常。

5. **经验总结**

（1）对于堤后铺盖较薄的堤段，应对铺盖进行培厚，避免其被渗流击穿，形成泡泉，若有条件，可进行填塘压浸。

（2）汛期对水下泡泉处置时，首先要探明泡泉的情况，对于判断为非泡泉群的险情，采用针对性处置，相比较填塘压盖的方式，省时省工省料，实践证明效果不错。

图 2.3-8 与潜水员交流水下泡泉情况（资料来源：黄河）

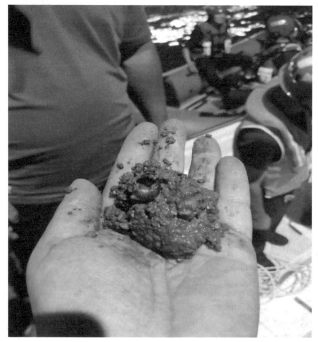

图 2.3-9 潜水员从泉眼附近抓取的泥沙（资料来源：黄河）

图 2.3-10 向水底抛投瓜子石和卵石（资料来源：黄河）

图 2.3-11 用杆子探查抛投反滤料的厚度和效果（资料来源：黄河）

2.4 漏洞抢险

2.4.1 漏洞险情的成因、抢护原则和方法

1. 成因

发生漏洞险情的主要原因如下：

（1）堤身填土质量差，如填筑土料含砂量大、有机质多、碾压不密实、分段填筑衔接不好等。

（2）堤身内存在隐患，如蚁穴、蛇鼠等动物洞穴，烂树根、老涵管等清除不彻底等。

（3）堤身与建筑物结合部填筑质量差。

（4）如果渗水或泡泉险情抢护不及时，继续发展，造成渗流集中，逐步发展成漏洞险情。

2. 抢护原则和方法

抢护漏洞险情的原则为前截后导，临背并举，重在抢早抢小。

抢护漏洞险情结合具体情况，一般同时采用临水截堵、背水导渗等多种抢护方式。

临水截堵的抢护方法有塞堵法（草捆、木塞、土袋、棉絮等）、盖堵法（铁锅、软帘、网兜、木板等）、前戗法（抛填黏土前戗、筑月堤等）等。

背水导渗的抢护方法方法有反滤围井、反滤压盖、透水压浸台等。

2.4.2　江西省 2020 年漏洞险情抢护情况

经统计，江西省 2020 年汛期抢护漏洞险情 674 处。根据对漏洞险情处置方案的统计分析，多数漏洞险情是因为堤身存在蚁穴、蛇鼠等动物洞穴隐患，因此，对抢护漏洞险情的方案大多同时采用了多种抢护方法，并重点对堤身隐患进行处置。

2.4.3　案例分析

案例 6

西河东联圩牛角湖段漏洞抢护

1. 基本情况

西河东联圩位于鄱阳县西北部，鄱阳湖北岸西河尾闾处，堤线北起油墩街镇的牛头山，经桥头街、漳田渡、独山、司马嘴，止于鸦鹊湖乡的板埠闸，全长 35.25km。西河东联圩属 4 级堤防，保护面积 99.1km²，保护耕地 6.43 万亩，保护人口 7.15 万人，属保护农田 5 万亩以上圩堤。保护区内主要保护对象有鄱阳县油墩街镇、鸦鹊湖乡、景湖公路等。圩区内为江西省主要商品粮基地之一。

2020 年 7 月 13 日，在西河东联圩牛角湖段桩号 25＋300 处发生 1 处规模较大的漏洞险情。发生险情堤段堤身填土主要由壤土夹粉细砂组成，填筑质量较差。存在白蚁危害。险情位置见图 2.4－1。

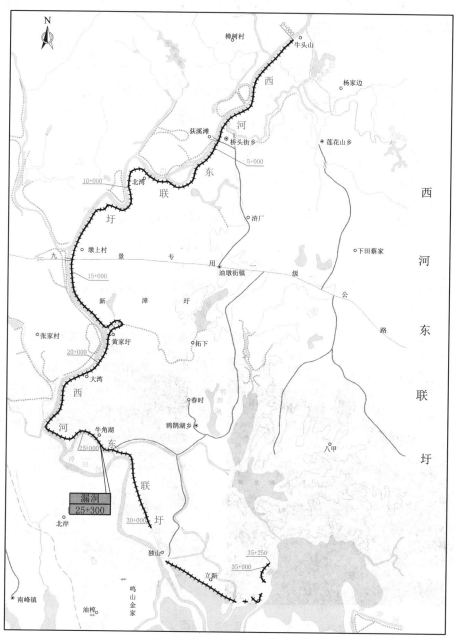

图 2.4－1　西河东联圩平面布置及险情位置示意图

2. 出险过程

2020 年 7 月 13 日，在西河东联圩牛角湖段桩号 25＋300 处发生较大的堤身集中渗漏，渗漏点距内坡堤脚垂直高度约为 2.5m，渗漏处最大渗漏点口径约为 10cm，浑水，流量较大，呈喷涌状，有细小颗粒被带出，有继续发展趋势。

3. 原因分析

牛角湖段为西河东联圩堤身渗漏较严重段，发生漏洞的原因主要有两点：①堤身土质相对较差，堤身填筑料混杂（堤身抽槽处发现）；②该段圩堤内有小堤，2016 年以后该段圩堤未挡过水，堤内为稻田，该段圩堤内蛇、鼠、蚁活动频繁，造成堤身洞穴发达，形成渗漏通道。

4. 抢护方法及效果

抢护方法：采用迎水面抛填黏土截渗＋堤身迎水侧抽槽回填土料＋出口反滤围井的方法处置。

险情处理分 3 步实施：第一步，从堤脚往上采用编织袋装土垒至渗漏处高程，以渗漏点为中心围成直径约 2m 的围井，围井内高约 60cm，围井内充填砂卵石反滤；第二步，在渗漏点外堤坡抛填黏土截渗，抛填宽度约为 8.0m；第三步，在堤顶靠迎水面采用挖机抽槽寻找渗漏点，黏土回填堵漏。险情处置情况见图 2.4－2～图 2.4－4。

图 2.4－2　渗漏通道（蚁穴）封堵前
（资料来源：陈卫）

图 2.4－3　堤顶抽槽查找渗漏通道
（资料来源：陈卫）

图2.4-4　渗漏通道（蚁穴）封堵后（资料来源：陈卫）

5. 经验总结

堤顶抽槽寻找漏洞堵漏，该方法简单有效，但风险较大。对于外水位高、堤身单薄和堤身土质较差的圩堤，即使外坡抛填了黏土，仍然要慎用，否则极容易造成人为破坏，导致溃堤的严重后果。因此在除险过程中一定要认真分析，谨慎施策，千万不能生搬硬套。

案例7

芙蓉内堤龙王庙段漏洞抢护

1. 基本情况

芙蓉内堤位于九江市彭泽县，堤线全长5.078km，保护耕地面积3.8万亩，保护人口2.0万人。

2020年7月18日，芙蓉内堤龙王庙段桩号0+700处发生1处漏洞险情。发生险情堤段堤身填土主要由黏土、壤土组成，局部夹砂壤土及粉细砂，填筑质量较差，存在白蚁危害。险情位置见图2.4-5。

2. 出险过程

2020年7月18日发现险情，背水侧堤身出现集中渗漏，现场在迎水侧

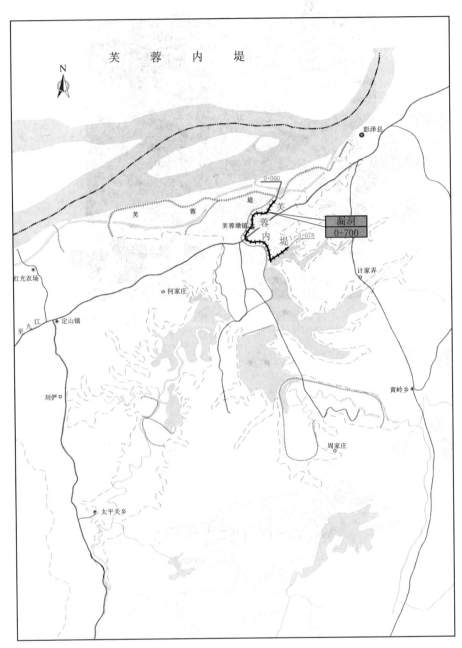

图 2.4-5 芙蓉内堤平面布置及险情位置示意图

抛袋装黏土，背水侧填筑反滤围井，一段时间围井内渗漏点有时浑水有时清水，渗水量稍有减少。7 月 20 日晚上 11 时 40 分，专家指导组接到现场险情报告,抵达现场时,反滤围井里不停地冒浑水,渗水量呈增大趋势。出险情况见图2.4-6。

图2.4-6 出水点冒浑水且渗水量加大(资料来源:郑森文)

3.原因分析

芙蓉内堤堤身内白蚁蚁害比较严重,判断堤身内有蚁窝,高水位漫过白蚁蚁穴通气孔,形成集中渗漏通道。

4.抢护方法及效果

抢护方法:采用迎水面抛填黏土截渗+出口反滤围井的方法处置。

采用在迎水侧清理原有袋装黏土后抛填黏土截渗,背水侧适当开挖至出水点底部高程后再加高反滤围井,并在井内增铺反滤料的方案。经过现场4个多小时的抢险,出水点处的水逐渐由浑水变清水,渗水量稍有减少,险情得到控制。7月20—24日,现场加大堤外抛填黏土的范围,7月21日上午8时复查时,渗水量明显减少;7月24日复查,围井面层的反滤料已出露至渗水位以上,渗水量很小;8月5日复查,围井基本不渗水,险情可控。险情处置情况见图2.4-7~图2.4-13。

图 2.4－7　背水侧加高围井（资料来源：郑森文）

图 2.4－8　迎水侧袋装土（资料来源：郑森文）

5. 经验总结

（1）应开展对存在白蚁蚁害堤段的专项治理工作，一方面，要对白蚁进行灭杀，预防蚁害再次发生；另一方面，要对现有蚁穴进行回填封堵，避免其在汛期成为堤身渗漏通道。

图 2.4 - 9　迎水侧清理袋装土后抛填黏土（资料来源：郑森文）

图 2.4 - 10　背水侧处理后（资料来源：郑森文）

（2）对于可探明源头的渗漏通道，可就地取材，采用黏土等不透水料进行封堵，当不透水料较难获取时，可以采用湿棉絮进行封堵；对于比较难查明渗漏源头的堤身渗透，可以在迎水面抛填黏土截渗，并适当扩

图 2.4-11 迎水侧抛填黏土处理后（资料来源：郑森文）

图 2.4-12 迎水侧加盖彩条布保护（资料来源：郑森文）

大抛填范围。

（3）在封堵渗漏通道的同时，也要做好渗漏出口的反滤措施，可采用反滤围井等方法，避免堤身中的细颗粒被渗流带走。

图 2.4-13 险情处置后背水侧基本无渗水（资料来源：郑森文）

2.5 跌窝抢险

2.5.1 跌窝险情的成因、抢护原则和方法

1. 成因

发生跌窝险情的主要原因如下：

（1）圩堤填土质量差，如碾压不密实、接头处未处理好、土块架空等。

（2）堤身内存在蚁穴、蛇鼠等动物洞穴隐患等。

（3）圩堤内埋设管道断裂漏水，土壤被冲走形成架空，雨水浸泡后周围土体浸软而形成局部塌陷。

（4）对渗水或漏洞等险情未能及时发现和处理，导致圩堤内或基础内的细土颗粒料局部被渗透水流带走、架空、塌陷，形成跌窝险情。

2. 抢护原则和方法

抢护跌窝险情的原则为查明原因，抓紧翻筑回填抢护。

跌窝险情抢护的主要方法包括翻填夯实、填塞封堵和填筑滤料等。

2.5.2 江西省 2020 年跌窝险情抢护情况

经统计，江西省 2020 年汛期抢护跌窝险情 17 处。根据对跌窝险情处置方案的统计分析，发现的跌窝险情规模都比较大，同时伴随漏洞等险情发生，危害性大。因此，及时对跌窝险情进行抢护处置，确保圩堤汛期安全。

2.5.3　案例分析

案例 8

九合联圩光明村桩号 31＋250 处跌窝抢护

1. 基本情况

九合联圩位于永修县东部修河尾闾地区，修河下游干流左岸，由永修县的九合圩与紧靠其北面的恒丰垦殖场罩鸡圩组成。圩区东临鄱阳湖（桩号 12＋600～21＋700），南临修河主流（桩号 0＋000～12＋600、42＋700～42＋800），西为王家河（桩号 34＋000～42＋700），北为杨柳津小河（桩号 21＋700～34＋000），为四面临水的闭合区。堤线全长 42.80km。

九合联圩保护面积 42.0km²，保护耕地 5.06 万亩，保护人口 2.47 万人。该圩区属九江市永修县管辖，其中心区域距永修县县城约 6km，交通便利，区域优势明显。

历年汛期中，九合联圩桩号 1＋000～1＋700、20＋600～21＋300、23＋000～25＋000 段发生过渗漏、脱坡险情。2020 年 7 月 21 日凌晨 1 时左右，九合联圩光明村段桩号 31＋250 处迎水坡发现跌窝险情，险情位置见图 2.5－1。

险情发生堤段堤身填土由灰黄、黄褐色壤土夹薄层黏土组成，局部夹中等透水性的薄层粉细砂，呈稍湿—湿、松散—稍密状，填筑质量一般，局部较差。

2. 出险过程

7 月 21 日凌晨 1 时左右，九合联圩光明村段桩号 31＋250 处迎水坡新发现跌窝 1 处，已形成贯通堤身的通道，形似拱桥桥洞，位于堤顶混凝土路面以下 2.5m，通道长 5m、宽 2.5m、高 1.5m。

3. 原因分析

筑堤时土块架空未经夯实，或有白蚁、蛇、鼠、獾之类动物在堤内打洞，当外河水位上涨时，河水灌入或雨水泡浸使洞周土体浸软而形成局部陷落。

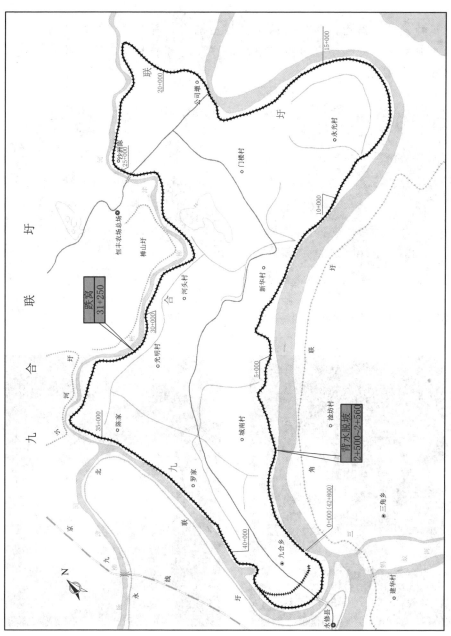

图 2.5 - 1　九合联圩平面布置及险情位置示意图

4. 抢护方法及效果

抢护方法：采用黏土回填夯实的方法处置。

清除迎水面洞口周边松土，分层填土夯实。迎水坡面采用黏土覆盖。破除堤顶混凝土路面，将贯通通道内松土翻出，再分层回填黏土夯实。经近 8 小时的紧急处治后，该险情解除，该段堤身较稳定。险情处置情况见图 2.5-2～图 2.5-5。

图 2.5-4　破除混凝土路面，翻出塌陷坑内松土（资料来源：刘臻）

图 2.5-5　对塌陷坑进行紧急处置后（资料来源：刘臻）

图 2.5-2　清除迎水面洞口周边松土（资料来源：汪国斌）

图 2.5-3　专家指导组进入洞内查看险情情况（资料来源：汪国斌）

5. 经验总结

(1) 在清除跌窝周边松土时，应按照土质留足坡度或加木料支撑以免跌窝扩大，并要便于分层回填夯实。跌窝顶部及坡面可填筑风化料，提高抗雨水及抗风浪淘刷的能力。

(2) 跌窝险情常常伴随漏洞发生，如抢护不及时，险情将更为严重，在抢护跌窝险情时，应备足物料，迅速抢护。抢护过程中应密切注意上游水位涨落情况，以免发生安全事故。

案例 9

碗子圩八甲村段、桂家村段跌窝抢护

1. 基本情况

碗子圩位于昌江左岸，起自江西鄱阳县袁家村，沿昌江而下，至汪家山大埠电排站，堤线总长 11.71km。

碗子圩属 5 级堤防，保护面积 25.6km²，保护耕地 2.5 万亩，保护人口 3.18 万人。区内古县渡镇是鄱阳县人口第三大镇。该镇各种服务机构设置完善，教育卫生事业发达及网点分布均衡，水陆交通发达，现有机械、酒业、农副产品精加工等乡镇企业。

历年汛期中，碗子圩桩号 2+000~3+500 段发生过滑坡、泡泉险情，桩号 7+200~7+400 段发生过堤身渗漏及泡泉险情，桩号 3+800~4+000、7+200~7+400、9+400~9+600 段发生过泡泉险情，桩号 2+500~4+500 段发生过迎流顶冲、滑坡险情。

2020 年 7 月 10 日和 11 日，碗子圩八甲村段（桩号 9+150）和桂家村段（桩号 4+250）先后出现跌窝险情。险情位置见图 2.5-6。

两处险情堤身填土主要取自堤内外两侧地表土，成分以黄褐色含少量砾的粉质壤土为主，上部干燥—稍湿，下部稍湿，填土结构松散—稍实，多呈可塑状。

2. 出险过程

2020 年 7 月 10 日，碗子圩八甲村段在迎水面出现 1 处跌窝。2020 年 7 月 11 日，在碗子圩桂家村段迎水面发现 1 处跌窝，位于外河水位之上，洞径约 1.5m。出险情况见图 2.5-7 和图 2.5-8。

3. 原因分析

同案例 8。

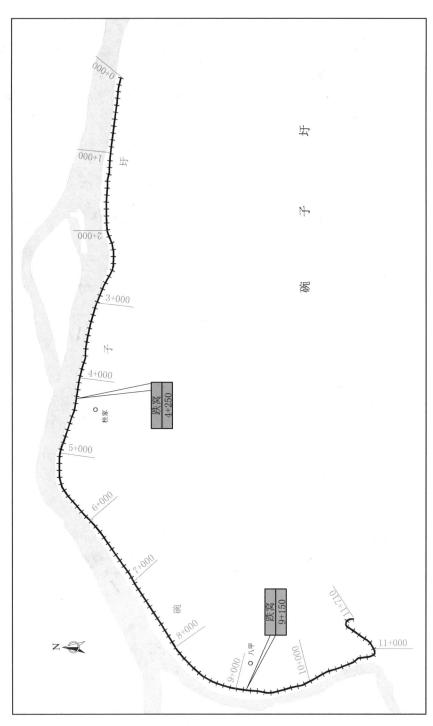

图 2.5 - 6 碗子圩平面布置及险情位置示意图

图 2.5-7　碗子圩八甲村段跌窝（资料来源：胡强）

图 2.5-8　碗子圩桂家村段跌窝（资料来源：胡强）

4. 抢护方法及效果

抢护方法：采用脱空部位回填黏土分层压实、顶部及坡面填筑风化料的方法处置。

（1）碗子圩八甲村段（桩号9+150）跌窝：凿除堤顶混凝土路面，清理跌窝内脱空部位的松土，将窝周整理出斜面，回填黏性土并分层压实，顶部填筑风化料。险情处置情况见图2.5-9和图2.5-10。

图 2.5-9　碗子圩八甲村段跌窝险情处置过程（一）（资料来源：胡强）

图 2.5-10　碗子圩八甲村段跌窝险情处置过程（二）（资料来源：胡强）

（2）碗子圩桂家村段（桩号 4＋250）跌窝：凿除堤顶混凝土路面，清理脱空部位的松土，将窝周整理出斜面，回填黏性土并分层压实，顶部及坡面填筑风化料，提高抗雨水及风浪冲淘刷能力。险情处置情况见图 2.5－11 和图 2.5－12。

图 2.5－11　碗子圩桂家村段跌窝险情处置过程（一）（资料来源：胡强）

图 2.5－12　碗子圩桂家村段跌窝险情处置过程（二）（资料来源：胡强）

5. 经验总结

在翻筑抢护跌窝尤其是抢护较大规模的跌窝时，应注意加强抢护施工场地的安全和保护，以免跌窝扩大甚至造成新的事故，同时要密切关注上游水位涨落变化情况。

2.6　临水崩塌抢险

2.6.1　临水崩塌险情的成因、抢护原则和方法

1. 成因

发生临水崩塌险情的主要原因如下：

（1）圩堤本身存在的问题，如土料质量差、碾压不密实、护坡质量差、垫层未做好等。

（2）堤岸坡陡，高水位时堤岸土质受浸泡影响，抗剪强度降低；堤岸土体长期经风雨剥蚀，产生裂缝，破坏了土体整体性。

（3）堤防无外滩，河泓紧逼，汛期大溜直冲圩堤，在弯道凹岸更受环流淘刷影响，导致圩堤失稳而崩塌。

（4）发生较大的风浪、水流冲击，临水坡在风浪一涌一浪连续冲击下，伴随着波浪往返爬坡运动，还会产生真空作用，出现负压力，使圩堤土料或护坡被水流冲击淘刷破坏，造成陡坎或坍塌。

（5）汛期水库紧急泄水，洪峰过后河道中水位急骤降落，圩堤渗水外排不及时形成反向渗压，加之土体饱和后抗剪强度降低等影响，促使圩堤岸坡沿圆弧面滑塌，防汛中常将此险情称为"落水险"。

2. 抢护原则和方法

临水崩塌险情的抢护原则：缓流消浪，增加堤防稳定性和抗冲能力。

缓流消浪的抢护方法主要有挂柳挂枕消浪、竹木排防浪等。增强堤防稳定性的抢护方法主要有（抛石）护脚固基、桩柳固坡等。提高坡面抗冲能力的抢护方法主要有土工织物（土工膜等，根据实际可采用彩条布等材料代替）防冲、土（石）袋防冲等。

2.6.2　江西省 2020 年临水崩塌险情抢护情况

经统计，江西省 2020 年汛期抢护临水崩塌险情 79 处。根据对临水崩塌险情处置方案的统计情况，险情主要因临水现有护坡遭受破坏而产生，结合江西省各地抢护经验，针对已发生崩塌险情的抢护方法主要是采用抛

（石）回填固基后加盖彩条防浪布和土石袋防冲，对于尚未遭受破坏的部分可采用挂柳挂枕消浪等方式进行抢护。

2.6.3　案例分析

案例 10

矶山联圩下坝和西湖坝迎水面混凝土预制块崩塌险情抢护

1. 基本情况

矶山联圩基本情况详见案例 1。矶山联圩下坝段桩号范围为 0+000～2+300，其中桩号 0+000～0+920 段为干砌石护坡，桩号 0+920～2+300 段为混凝土预制块护坡。西湖坝桩号范围为 0+000～0+228，全部采用混凝土预制块护坡。

下坝预制块脱落处堤身填土主要为砂壤土、壤土夹粉质黏土；堤基上部为含碎石黏土，下伏为游泥质黏土，呈软—流塑状。西湖坝堤身填土主要为粉质黏土。

2. 出险过程

2020 年 7 月，矶山联圩下坝桩号 1+000 处及西湖坝桩号 0+150 处堤防迎水面混凝土预制块大面积脱落，风浪较大，预制块脱落部位堤身受波浪淘刷严重，堤身已形成较大塌陷。险情位置见图 2.2-1，出险情况见图 2.6-1。

3. 原因分析

外湖持续高水位，风浪大，受水流和风浪的冲击、淘刷，局部护坡和垫层破坏，造成塌陷。

4. 抢护方法及效果

抢护方法：采用块石充填压实、树枝消浪的方法处置。

现场按照"控制险情，汛后修复"的原则进行抢护：采用级配碎石和块石对塌陷处进行充填压实，并在面上采用树枝消浪，树枝用绳索挂在坝顶的铆钉上，根据水位高低调整绳索高度，加强脱落部位险情观察。预制块间出险的较大裂缝，采用沥青麻丝嵌缝修复后，覆盖彩条布，上部用级配碎石和块石压盖，并对险情处加强观察。险情处置情况见图 2.6-2～图 2.6-4。

图 2.6-1　迎水面混凝土预制块护坡脱落（资料来源：谢林波）

图 2.6-2　采用块石对塌陷处进行充填压实（资料来源：吴轩）

图 2.6-3　采用级配碎石和块石压盖处理（资料来源：谢林波）

图 2.6-4　采用沥青麻丝对嵌缝进行修复（资料来源：吴轩）

5. 经验总结

对于崩塌险情，要及时对塌陷部分进行抢护，稳定坡脚，待崩塌险情稳定后，再采取树枝消浪等措施，并加强监测保护。

案例 11

中洲圩北富村八甲堤段崩塌险情抢护

1. 基本情况

中洲圩位于鄱阳县昌洲乡，保护面积 $23.8km^2$，保护耕地 2 万亩，保护人口 3.2 万人，堤线总长 33.6km，属于万亩以上重点圩堤。该圩堤兴建于 1949 年，经 1954 年在昌江中心 3 个小洲的基础上围垦重建，不断加固、培修而成，至 1989 年基本达到现有规模。建堤以来，该堤没有经过整体性的除险加固，圩区内洪涝灾害严重，水毁工程多，每年大小险情不断：1995 年高家圩处因堤身穿洞溃堤，1998 年邹家村段因漫顶溃堤。

北富村八甲堤段处于河湾迎流顶冲堤段，堤脚无外滩，全是陡岸，堤脚的河床底高程约为 10.00m，与堤顶高差近 12m，堤内全是民房，险段全长 300m。堤身填土成分为黏土和壤土，可塑状，呈松散—稍密状，填筑质量较差——一般。

2. 出险过程

2020 年 6 月 4 日，中洲圩北富村八甲堤段发生崩岸滑坡险情，险情位于桩号 19＋380～19＋680 段，堤顶混凝土路面出现多处裂缝，距堤顶外边缘约 1m 的边坡上已全部崩塌，其中的一根移动电杆严重倾斜，出现垂直滑裂面。险情位置见图 2.6－5，出险情况见图 2.6－6 和图 2.6－7。

3. 原因分析

经初步分析，崩岸产生的原因主要是堤身填土成分为黏土和壤土，填筑质量较差，抗冲能力不足，经过多年的迎流顶冲，外坡形成陡岸。险情发生前三天遭遇集中强降雨，使得土体含水量偏高，土体抗剪切能力降低，造成崩岸滑坡。

4. 抢护方法及效果

抢护方法：采用裂缝回填、彩条布防冲和抛石固脚的方法处置。

对已出现的裂缝采用挖 V 形口，采用黏土埋筑后，上面覆盖彩布条防止雨水渗入裂缝；在原堤身外坡高程 16.00m（外河水位以上 0.5m）以下

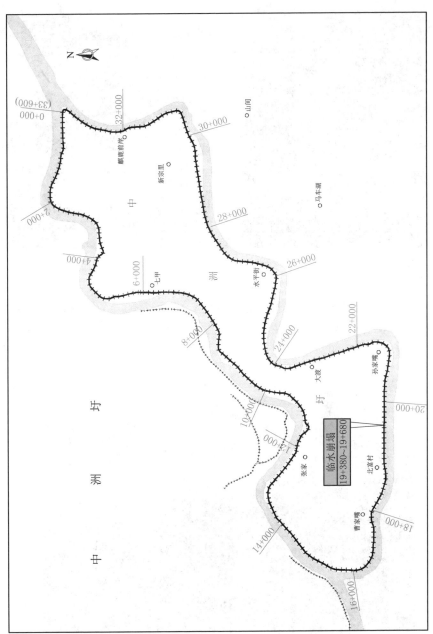

图 2.6-5 中洲圩平面布置及险情位置示意图

图 2.6-6　崩岸险情段

图 2.6-7　坡面滑裂缝

采取块石料抛石固脚。同时对该段圩堤实行交通管制，在进入险段两头的坝顶边缘设置安全警示牌，安排专人值守，加强观察。险情处置情况见图 2.6-8和图 2.6-9。

图 2.6-8　抛石固脚及裂缝回填

图 2.6-9　崩岸险情处置后（资料来源：鄱阳县水利局）

5. 经验总结

对于因裂缝引起的崩塌险情，应结合裂缝、渗漏险情处置方法一并进行抢护，尽量不在坡面坡顶堆放重物、过车或打桩，以免震动破坏圩堤土体结构，导致崩塌加速。

2.7　背水脱坡抢险

2.7.1　背水脱坡险情的成因、抢护原则和方法

1. 成因

发生背水脱坡险情的主要原因如下：

（1）脱坡一般与渗水有连带关系，当高水位持续时间长或渗水严重的堤段，堤坡浸水饱和，下滑力加大，土的抗剪强度显著降低，阻滑力减小，支撑不住上部土壤的重量造成堤坡失稳。

（2）堤坡过陡，堤身单薄，堤身填土质量差。

（3）施工质量不好，铺土层太厚，碾压不实，含水量高，干容重未达标准，冬季施工有冻土夹层，加宽断面时未削坡、松土或圩堤发生不均匀沉陷等。

（4）圩堤加高培厚，新旧土体之间没有很好结合，在渗水饱和后，形成软弱夹层。

（5）堤防基础差，靠近水塘或基础的淤泥软弱层未清除。

（6）堤身长时间泡在高水位中，水位骤降亦会引起临水面脱坡。

2. 抢护原则和方法

抢护脱坡险情的原则：减少滑动力，增强抗滑力。

背水脱坡险情抢护的主要方法包括固脚阻滑、滤水土撑和滤水后戗、滤水还坡等。

2.7.2 江西省 2020 年背水脱坡险情抢护情况

经统计，江西省 2020 年汛期抢护背水脱坡险情 142 处。根据对背水脱坡险情处置方案的统计分析，背水脱坡险情大多是由裂缝、渗水等导致，按照"减小滑动力、增强抗滑力"的抢护原则，采取不同形式的抢护方法或多种方法并举，处置效果较好。

2.7.3 案例分析

案例 12

枫富联圩下顺塘段重大脱坡险情抢护

1. 基本情况

枫富联圩位于上饶市余干县中部，信江下游西大河左岸，西面为鄱阳湖支汊洋坊湖，南面为九龙河及貊皮岭分洪道堤。枫富联圩起自信江分洪道进口，沿信江而下，至下顺塘长 25km 为临信江西大河段；自下顺塘至大淮宋家与信江分洪道右堤相接为临洋坊湖段，堤长 15.625km；堤线全长 40.625km，保护面积 78km²，保护耕地 6.49 万亩，保护人口 5.35 万人，保护区内是全县重要的粮食生产基地和水产品养殖基地。

历年汛期中，圩堤桩号 11+700～11+900、12+500～13+300、29+523～29+923、30+650～31+300 段发生过脱坡险情。2020 年 7 月 11 日下午，枫富联圩下顺塘段（桩号 25+780～26+000）发生 1 处重大脱坡险情，险情位置见图 2.7-1。

发生险情堤段堤身填土主要由砂壤土夹黏土和粉细砂组成，密实性差。堤基上部为淤泥质黏土、粉质黏土、壤土，厚 8.2～15.5m，下部由细砂、中砂、砂卵砾石构成，厚 4.7～8.0m。下伏二叠系泥质粉砂岩，岩面高程

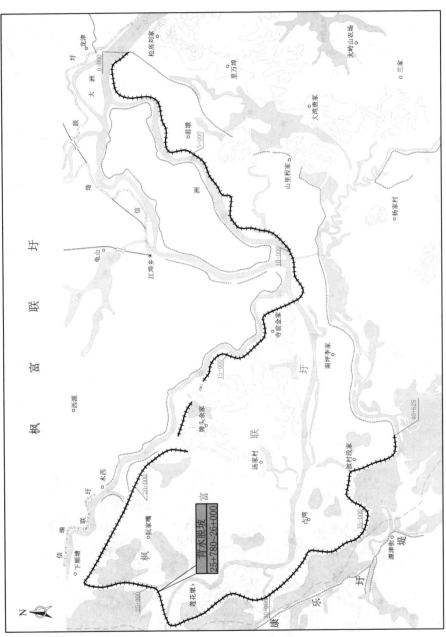

图 2.7 - 1　枫富联圩平面布置及险情位置示意图

背水脱坡
25+780~26+000

为 $-0.61 \sim -3.84\text{m}$。

2. 出险过程

堤防背水侧坡面于初期出现大面积渗水，一段时间后发生脱坡险情，脱坡滑动面位于堤身中上部。开始脱坡时的堤段长约 30m，7 月 11 日晚上脱坡段堤长发展至 150m 左右，最大脱坡高度约为 1.5m。7 月 13 日凌晨 6 时左右，在背水面处理段上游侧约 20m 处，有新裂缝产生，裂缝长约 25m，最大裂缝宽约 6cm。

3. 原因分析

汛期外河一直处于高水位，堤身浸润线也随之抬高，导致堤防背水侧坡面出现大面积渗水，现场未及时在坡面开挖导渗沟导渗，导致浸润线上部堤身土体处于饱和状态，土体抗剪强度显著降低，支撑不住上部土体的重量，导致脱坡发生。

4. 抢护方法及效果

抢护方法：采用反滤还坡＋导渗＋木桩撑土石袋固脚的方法处置。

在背水坡堤身每间距 5m 左右开挖导渗沟并回填卵石反滤排水；在脱坡陡坎部位采用袋装砂卵石料进行背坡压实；在脱坡段堤脚处设置木桩和垒堆袋装砂卵石料平台形成支撑。针对 7 月 13 日凌晨出现的延伸段险情，专家指导组研判该滑裂面是受 7 月 12 日出险段影响产生，专家指导组提出在背坡坡脚 1/3 高度利用挖机开挖导渗沟，查看堤身浸润高度，发现在坡脚处存在局部渗水，为稳定边坡，对该范围段的脱坡处理仍采用前期方案进行处理。另外，对 7 月 12 日出险段下游侧的背坡渗水段也采用同样的处理方案。险情处置情况见图 2.7-2～图 2.7-4。经过处理后，堤脚渗水为清水，流量不大且稳定，坡面未发生明显的变化情况，处理效果较好。

图 2.7-2　枫富联圩现场重大脱坡险情处置过程中（资料来源：纪伟涛）

图 2.7 - 3　枫富联圩现场重大脱坡处置后情况（一）（资料来源：尹康）

图 2.7 - 4　枫富联圩现场重大脱坡处置后情况（二）（资料来源：尹康）

　　重大险情基本处理到位后，在下顺塘段设有驻守点，专人 24 小时常驻大堤现场，实时监控重大险情处理段情况。为防止背水坡雨水下渗，及时在背水坡铺设彩条布。

5. 经验总结

（1）当背水坡坡面出现大面积"渗水冒汗"现象时，应及时在该处堤段按照 5～10m 的间隔开挖"人"字形导渗沟，并在导渗沟内铺填卵石，以达到降低堤身浸润线、预防脱坡发生的目的。

（2）在采用袋装卵石料进行背坡压实时，应确保滑动面已稳定，避免二次滑动发生，对于仍有可能发生二次滑动的堤身，可先进行削坡处理。压实料须采用卵石等透水反滤料，避免采用黏土等非透水料。压实的同时，堤脚须采用抛石或土袋固脚。

案例 13

康山大堤桩号 11＋600～11＋700 段脱坡险情抢护

1. 基本情况

康山大堤基本情况详见案例 2。

1999 年汛期至 2020 年，康山大堤桩号 19＋500～21＋300、23＋000～24＋000、24＋500～25＋140 段均发生过脱坡险情。2020 年 7 月 28 日，康山大堤桩号 11＋600～11＋700 段背水坡发生脱坡险情，险情位置见图 2.2－4。

发生险情堤段堤身填土主要由砂壤土组成，局部为壤土，堤身土质量较差。堤基上部由全新统黏土组成，厚 2.7～3.2m，中部由全新统细砂组成，厚度为 4.4～5.3m，下部由中更新统黏土组成，揭露厚 3.5～10.0m。

2. 出险过程

滑坡体距堤顶约 2m，长约 100m，上部见明显裂缝，裂缝高差为 30～60cm，宽 5～8cm，坡脚未见明显滑动或鼓起，判断为浅层滑动。滑坡体下部土体饱和，脚踩有陷落感。出险情况见图 2.7－5 和图 2.7－6。

3. 原因分析

发生险情堤段填土主要为砂壤土，透水性较强，汛期外河处于高水位时，发生堤身渗漏。现场未及时开沟导渗，背水坡堤身土体处于饱和状态，土体抗剪强度显著降低，导致脱坡发生。

4. 抢护方法及效果

抢护方法：采用开挖导渗沟的方法处置。

采用开挖导渗沟并回填砂卵石方案处理，导渗沟宽约 0.5m，深约 0.8m，导渗沟下部铺设厚约 30cm 的砂卵石。导渗沟顺坡向布置，间距 10m，从裂缝起始端一直开挖至坡脚。险情处置情况见图 2.7-7 和图 2.7-8。

图 2.7-5　康山大堤桩号 11+600～11+700 段脱坡险情（一）

（资料来源：刘仁德）

图 2.7-6　康山大堤桩号 11+600～11+700 段脱坡险情（二）

（资料来源：刘仁德）

图 2.7-7 康山大堤桩号 11＋600～11＋700 段脱坡险情处置后（一）
（资料来源：刘仁德）

图 2.7-8 康山大堤桩号 11＋600～11＋700 段脱坡险情处置后（二）
（资料来源：刘仁德）

处理后要求值班人员密切观察，若滑坡进一步发展则建议在滑坡体下部（内坡堤脚）增设滤水土撑。后经观察，脱坡体未进一步发展。

5. 经验总结

对于由砂壤土填筑的堤段，在汛期应注意及时在背水坡堤身开挖导渗沟导渗，导渗沟的间距可为5～10m，呈"人"字形，沟内需铺填厚10～30cm卵石反滤。

案例 14

赣西联圩桩号38＋700～38＋800段脱坡险情抢护

1. **基本情况**

赣西联圩位于江西省南昌市新建区东北部，赣江下游西部，地理位置为东经115°01′～116°02′，北纬19°01′～19°05′，西南为滨湖岗地。圩堤南起南昌市新建区樵舍卓山下，经过高棠分支，西过铁河青山至大塘西岗地，圩堤全长41.422km，赣西联圩是国家重点圩堤之一，圩区内为国家商品粮基地，圩区设有方洲斜塘分蓄洪区。圩区内有樵舍镇、象山镇、铁河乡、大塘乡、金桥乡五个乡（镇），圩区总集水面积为241.38km²，保护面积为114.58km²，保护耕地面积15.26万亩，保护人口13.68万人。

2020年7月20日5时，赣西联圩桩号38＋700～38＋800段堤身发生脱坡险情，险情位置见图2.7－9。

险情堤段堤身填土主要取自堤内、外两侧地表土，部分取自河流高漫滩，填土成分以黏土、壤土为主，仅局部表层夹少量砾质土，呈稍密状，填表筑质量一般。堤基土上部为断续分布表层的全新统冲积层黏土、壤土、薄层淤泥质黏土、砾石及中更新统冲积黏土、壤土，厚7.5～13.2m，下部由砂壤土、细砂、砾砂及砾石等组成，厚1.3～13.1m。下伏基岩为第三系泥质粉砂岩。

2. **出险过程**

7月20日5时左右，赣西联圩桩号38＋700～38＋800段背水坡发生两处脱坡险情，脱坡堤段分别长50m、20m，脱坡高度约为10m。

3. **原因分析**

汛期外河处于高水位时，险情堤段发生堤身渗漏，致使背水坡堤身土体处于饱和状态，土体抗剪强度下降，最终导致脱坡发生。

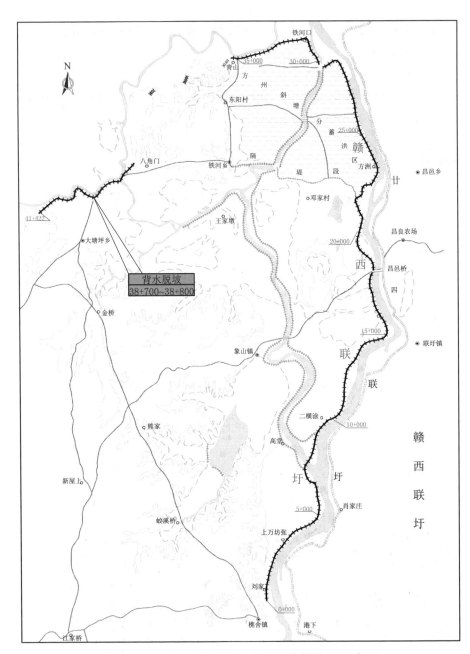

图 2.7-9 赣西联圩平面布置及险情位置示意图

4．抢护方法及效果

抢护方法：采用临水侧黏土截渗＋背水侧滤水后戗的方法处置。

（1）在脱坡堤段迎水面铺填黏土截渗。

（2）在背水坡滑动面下缘开挖导渗沟，间距10m。

（3）在脱坡范围堤段沿滑动面下缘向堤脚铺设砂卵石袋形成"滤水后戗"，砂卵石袋不得阻塞导渗沟排水，并沿堤脚向外延伸约20m，起到稳固堤脚的作用。险情处置情况见图2.7-10。

图2.7-10　背水坡滤水后戗处置（资料来源：李彧玮）

5. 经验总结

脱坡是发展快、破坏大的严重险情，应尽早发现，立即抢护。在险情危急时，应同时采取多种措施稳定险情。

案例 15

九合联圩桩号2+500～2+560段脱坡险情抢护

1. 基本情况

九合联圩基本情况详见案例8。

2020年7月20日上午，九合联圩桩号2+500～2+560段背水坡出现1条纵向脱坡裂缝，险情位置见图2.5-1。

发生险情堤段堤身填土主要由粉质黏土组成，局部夹具中等透水性的薄层粉细砂、砂壤土，稍密状，填筑质量一般。堤基上部由粉质黏土、淤泥质黏土、壤土组成，层厚5.0～7.5m；下部由砂壤土、淤泥质粉砂、细砂、粗砂、砾砂及圆砾组成。

2. 出险过程

2020 年 7 月 20 日上午，九合联圩桩号 2＋500～2＋560 段背水坡出现 1 条纵向裂缝，长约 60m，缝宽 2～3cm，裂缝处下挫 5～8cm，若不及时处理将会引起滑坡。

3. 原因分析

(1) 在高水位渗流作用下，背水坡由于土质抗剪强度降低，引起裂缝。

(2) 堤防本身有隐患，如蚁穴、獾、鼠洞等。

(3) 堤防在分期分段施工中，填筑接缝质量不好。

(4) 堤身填土干缩，土质不均匀。

4. 抢护方法及效果

抢护方法：采用裂缝上部截水沟＋下侧导渗沟＋砂卵石回填置换＋石袋压重固脚的方法处置。

(1) 在裂缝上端开挖截水沟，下侧开挖导渗沟。

(2) 对整条裂缝采用彩条布覆盖，防止雨水、坡面积水渗入。

(3) 在坡脚处局部橡皮土范围采用砂卵石回填置换。

(4) 在坡脚用袋装砂卵石压重固脚。经处理后，裂缝稳定未进一步发展。

险情处置情况见图 2.7-11～图 2.7-13。

5. 经验总结

在裂缝迎水面要做好前戗截流，同时在背水坡做好反滤导渗，以免土料流失。

图 2.7-11　用彩条布覆盖并在裂缝上端开挖截水沟（资料来源：汪国斌）

图 2.7 - 12　压重固脚处置中（资料来源：刘臻）

图 2.7 - 13　脱坡险情处置后（资料来源：汪国斌）

2.8　漫溢抢险

2.8.1　漫溢险情的成因、抢护原则和方法

1. 成因

发生漫溢险情的主要原因如下：

（1）由于暴雨集中，河道或溢洪道宣泄不及，洪水超过设计标准，水位高于堤顶。

（2）圩堤未达设计高程，或因地基有软弱层，填土夯压不实，产生过大的沉陷量，使堤顶高程低于设计值。

（3）因泡泉、漏洞、跌坑等险情，导致堤身地基破坏而突然下沉塌陷。

（4）河道内存在阻水障碍物，如未按规定修建闸坝、桥涵、渡槽等，降低了河道的泄洪能力，使水位壅高而超过堤顶。

（5）河道发生严重淤积或山体滑坡堵塞河道，过水断面减少，抬高了水位。

2. 抢护原则和方法

漫溢险情的抢护原则：因地制宜，就地取材，抢筑子堤。

漫溢险情的抢护方法主要有土料子堤、土袋子堤、木桩子堤等。

2.8.2　江西省 2020 年漫溢险情抢护情况

经统计，江西省 2020 年汛期抢护漫溢险情 48 处。根据对漫溢险情处置方案的统计分析，因发生超标洪水，多处圩堤出现了漫溢险情，由于防汛备料等准备工作到位，及时采取修筑子堤进行抢护，效果较好。

2.8.3　案例分析

案例 16

沿河圩堤顶高程不够险情抢护

1. 基本情况

沿河圩位于鄱阳县境内，饶河尾闾，昌江与乐安河交汇处北岸。圩堤起始于朱家桥，沿昌江、饶河至高门折向北，止于双港桥下村，堤线长 14.75km。沿河圩属 4 级堤防，保护面积 30.35km^2，保护耕地 1.56 万亩，保护人口 14.92 万人，保护鄱阳县城的防洪安全。

2. 出险过程

2020 年 7 月 11 日鄱阳湖水位持续上涨，判断沿河圩桩号 0+000 处将发生漫顶险情。7 月 13 日上午 10 时 20 分，现场发现鄱阳大桥下游侧防洪墙（桩号 2+080 处）出现水平错位，墙后渗水，分缝处错位 2～3cm，最大张开度约 2cm，墙脚坑洼地积水深 0.5～1.5m。险情位置见图 2.8-1。

3. 原因分析

外河水位超过设计标准，圩堤堤顶高程不足，防洪墙后填土高程不足。

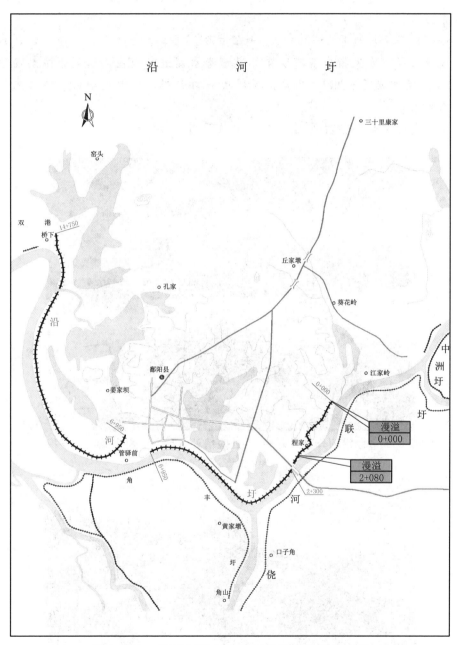

图 2.8-1　沿河圩平面布置图及险情位置示意图

4. 抢护方法及效果

抢护方法：采用修建土料子堤及墙后填土的方法处置。

（1）沿河圩桩号 0+000 处立即在堤顶临水侧抢筑土袋子堤，并铺设彩条布防渗。

（2）沿河圩桩号 2+080 处为悬臂式防洪墙，由于外河水位上涨，已超过设计工况，专家指导组建议在防洪墙背水侧进行填土，填至距防洪墙顶1.2m，填土坡度采用 1:2 并接至现状地面高程。处置完毕后，墙脚未见积水现象。

险情处置后的情况见图 2.8-2 和图 2.8-3。

图 2.8-2　沿河圩桩号 0+000 处险情处置后（资料来源：翁发根）

图 2.8-3　沿河圩桩号 2+080 处险情处置后（资料来源：翁发根）

5. 经验总结

（1）对于漫溢险情的抢护，关键在抢。要因地制宜、就地取材。

（2）修筑子堤要根据险情实际做好堤线布置，平整地面。对于多处面临漫溢险情的圩堤，抢修子堤必须统一指挥、同步施工，由低到高、由薄到厚，要进度一致。

第 3 章

水工建筑物险情抢护案例

水工建筑物险情主要包括渗漏（结合部渗水、漏洞，建筑物裂缝漏水、分缝止水破坏，地基渗透破坏等）、冲刷破坏、滑动、闸门失控、启闭失灵等。

经统计，江西省 2020 年汛期抢护水工建筑物险情 137 处。结合 2020 年汛期险情抢护实际，本手册选取建筑物渗漏、闸门漏水和启闭失灵险情抢护进行成因、抢护原则、方法和案例分析。

3.1 建筑物渗漏险情抢护

3.1.1 成因

涵闸等建筑物的岸墙、翼墙、边墩、护坡等混凝土或砌体与圩堤结合部位，由于土料回填不实，建筑物与圩堤承受的荷载不均匀或结合面处理不好，容易引起裂缝；地基承载力不一或遭受渗透破坏，建筑物在自重作用下，产生较大的不均匀沉陷，造成建筑物裂缝或分缝止水破坏。一旦迎水面水位升高或遇降雨地面径流进入，沿裂缝或分缝止水破坏处流动，可能造成集中渗漏。严重时，在建筑物下游造成泡泉险情。

3.1.2 抢护原则和方法

（1）对于建筑物与圩堤结合部位渗水、漏洞等险情，其抢护原则和方法同第 2 章相关内容。

（2）对于建筑物闸、涵基础下地基发生严重渗漏破坏的抢护原则和方法为上游截渗、下游导渗和蓄水平压，减少上下游水位差。抢护方法主要有闸上游抛黏土截渗、闸下游筑反滤围井、闸下游围堤蓄水平压等。

3.1.3 案例分析

永北圩杨柳津电排站渗漏险情抢护

1. 基本情况

永北圩位于永修县南部，修河尾闾地区，修河干流左岸。圩区东面为王家河西、南面为修河干流，北面为杨柳津河，为四面临水的封闭圩区，堤线全长 19.06km。圩堤属 4 级堤防，保护面积 11.86km²，保护耕地 1.36 万亩，保护人口 3.6 万人，保护京九铁路、城际铁路、永修县老县城、316 国道等。

历年汛期中，永北圩于桩号 10+000～10+300、15+900～16+050 等堤段发生过泡泉。2020 年 8 月 2 日晨，永北圩杨柳津电排站（桩号 14+300）前池发生泡泉险情。险情位置见图 3.1-1。

2. 出险过程

电排站工作人员因工作需要对前池进行抽水，前池水位下降后，水面出现翻滚气泡，冒气泡处水体越来越浑浊，并逐渐变黄。

3. 出险原因分析

经分析，发生险情的原因如下：

(1) 电排站穿堤涵管存在接触渗漏。

(2) 汛期外河处于高水位，前池水位下降后，堤防内外侧水头差增大，渗透坡降随即增大，当渗透坡降超过堤基土层允许坡降后，随即发生渗透破坏，堤基形成渗透通道，土层细颗粒被带出，在前池渗流出口处发生泡泉。

经与当地村民了解，杨柳津电排站在往年运行过程中未出现过此现象，且经查阅资料以往并未有接触渗漏的险情记载，故可排除接触渗漏险情。

4. 抢护方法及效果

通过智慧水利防汛会诊平台 App 的专家会诊功能模块，与后方专家进行视频连线讨论，分析险情发生原因，在确定此险情为泡泉险情后，按照"反滤导渗，充水减压"的原则抢护险情：一方面，采用袋装砂卵石将泉眼围起来，并往里铺填约 30cm 砂卵石；另一方面，打开闸门，对前池进行

图 3.1-1　永北圩平面布置及险情位置示意图

充水，减小堤内外水头差，降低渗透坡降。约 3 小时后，泉眼处水面气泡逐渐变小，水体颜色与周边无明显色差，险情得以成功处置。险情处置情况见图 3.1-2 和图 3.1-3。

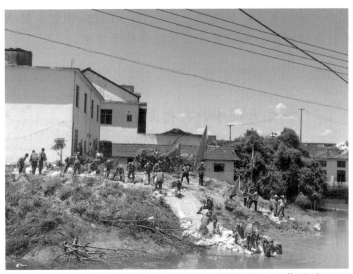

图 3.1-2　险情处置现场（一）（资料来源：莫明浩）

图 3.1-3　险情处置现场（二）（资料来源：莫明浩）

5. 经验总结

（1）在汛期，对于堤后电排站前池应尽量保持高水位，从而减小堤内外水头差，防止在前池发生泡泉等渗透破坏。

（2）对于穿堤建筑物附近发生的险情，要分析此险情是否由接触渗漏引起，从而科学地制订处置方案。

（3）在泡泉险情处置中，对于反滤围井和反滤压盖的设置，铺设的砂卵石不宜过厚，应能留出渗水通道，并使土壤细颗粒不被带走即可。

（4）对于一些较复杂，规模较大的险情，可借助智慧水利 App 与后方专家共同进行会诊讨论，制订最合理的险情处置方案。

东升堤丰收自排闸险情抢护

1. 基本情况

东升堤位于江西省长江堤岸中段的末端，鄱阳湖出口处的左岸，其形状大致呈 "U" 形，上与济益公堤相接，全长 8.436km，伸入鄱阳湖部分长 4.3km。堤防等级为 5 级，保护区内有 2500 人和 5000 亩耕地。东升堤的枯水期平均水位为 7.61m，设计水位为 20.83～20.61m。

1998—2002 年，江西省对长江干流江岸堤防进行了加固整治，堤身主要加固措施有堤身土方填筑、现浇混凝土护坡、预制块混凝土护坡、干砌石护坡、堤顶泥结石路面。江岸加固有抛石固岸、堆石固岸。丰收自排闸接长箱涵，重建进水口。

堤身加固标准断面：堤顶高程为设计洪水位加超高 1.0m，堤顶宽 4.0m，迎水坡比为 1∶3.0，背水面在高程 18.0m 处设二坡台，宽为 3.81～3.92m，二坡台以上边坡比为 1∶2.5，以下边坡比为 1∶3.0。

丰收自排闸建于 1968 年，位于桩号 7＋074 处，地面高程为 13.40～18.37m。穿堤结构为钢筋混凝土方涵，孔口尺寸为 1.6m×1.4m，底板高程为 12.61m，防洪闸采用钢闸门，螺杆机启闭。

圩堤两端与低山丘陵相接，圩区处于长江及鄱阳湖Ⅰ级阶地前缘，阶地面平坦，地面高程为 13.40～17.81m，堤内分布有沟塘等水系。沿堤线附近覆盖层由第四系全新统冲积层组成，上部为黏性土夹细砂，下部为砂类土，基岩未出露，地层表现为明显的二元结构。

丰收自排闸闸址地层自上而下为：①人工填土，主要由壤土组成；②壤土，层厚 0～3.2m；③黏土，层厚 4.2～6.6m；④淤泥质黏土，层厚 7.2～8.4m；⑤粗砂，未揭穿。闸址工程地质条件较好，该闸已运行多年，未曾出现不良地质问题。闸址地基土层为良好隔水层，防渗性好，不存在堤基渗漏及渗透稳定问题。

2. 出险过程

2020 年 7 月 27 日中午，东升堤丰收自排闸进水口处射流冲击堤脚排水沟并泛起浑水。险情位置见图 3.1－4。

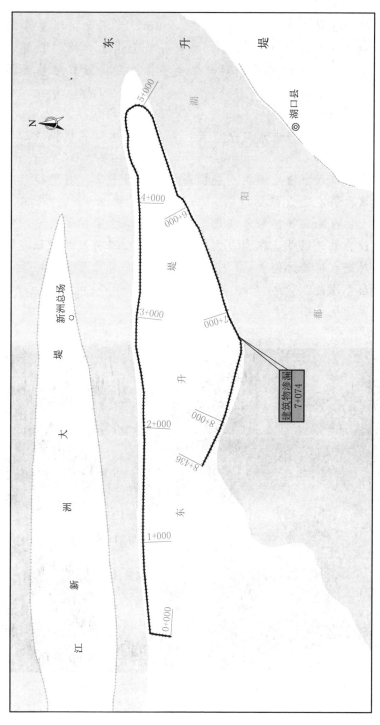

图 3.1-4 东升堤平面布置及险情位置示意图

3. **出险原因分析**

闸址地基黏土铺盖层较厚，达 4.2～6.6m，故不存在堤基渗漏发生的可能性，故可排除此为泡泉险情。初步分析为出水口闸门损坏，外湖高水位下，湖水通过穿堤涵管倒灌，但也不排除穿堤涵管接触渗漏发生的可能。

4. **抢护方法及效果**

（1）为防止水流冲刷进水口及堤脚，首先在进水口底板抛沙袋，厚度约为 50cm。

（2）在进水口八字墙处填筑沙袋围高水位进行平压，利用船只在出水口闸门前抛填沙袋，进行堵漏。

（3）因无法排除涵管接触渗漏发生的可能性，专家指导组建议在进水口处继续抛沙袋做成围井，在围井内抛填砂卵石反滤料，并加强观测。随后部队官兵对进水口进行处理，7 月 27 日 18 时 30 分处理完毕，现场出水稳定，水逐渐变清澈。

险情处置情况见图 3.1-5～图 3.1-7。

图 3.1-5　丰收自排闸进水口（资料来源：黄志勇）

图 3.1-6　丰收自排闸出水口（资料来源：马宾）

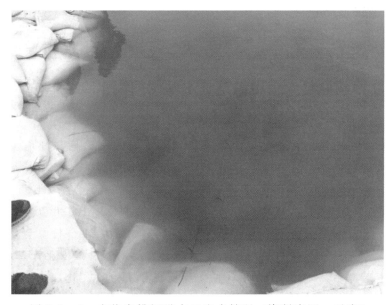

图 3.1-7　丰收自排闸进水口出水情况（资料来源：马宾）

5. 经验总结

应在平日加强对穿堤建筑物闸门的养护管理，若发现闸门损坏或无法正常启闭，应立即维修或更换设备。

3.2　闸门漏水险情抢护

3.2.1　成因

闸门漏水险情发生的主要原因是闸门止水安装不好或年久失效以及其他原因，造成漏水比较严重。高水位时，若抢护不及时，将危及建筑物及堤防安全。

3.2.2　抢护原则和方法

当闸门漏水比较严重，需要临时抢堵时，可在关门挡水的条件下从闸门上游接近闸门处，用沥青麻丝、棉纱团、棉絮等堵塞缝隙，并采用木楔挤紧等方法。当漏水严重无法修复时，也可以在闸门前用土（石）袋抛出水面，再用土料修筑前戗闭气；或者在闸前或闸后用土袋修筑围堰以堵漏水，围堰墙可做成双排，中间用黏土填实。

3.2.3　案例分析

案例 19

南新联圩大港电灌站进水闸闸门漏水险情抢护

1. **基本情况**

南新联圩归属南昌县管辖，位于赣江北支与中支之间。圩堤自赣江中支边黄渡街起，沿赣江主支、北支而下，途经会龙洲、蒋家埠、潭口村至李家村，再沿赣江中支而上经杨家村、南新乡、中徐村至黄渡街处闭合，堤线长 57.00km。圩堤保护面积 98.26km²，保护耕地 10.26 万亩，保护人口 6.4 万人。圩区内有南昌县南新乡的 2 个居委会和 21 个村委会以及福银高速等，为一乡一圩的单独圩区，是南昌县重要的粮食渔业生产基地之一。

大港电灌站始建于 1984 年，位于圩堤桩号 15＋300 处，总装机容量为 110kW，穿堤箱涵孔径为 1.2m×1.2m，闸门为钢筋混凝土闸门。

险情位置见图 3.2－1。

2. **出险过程**

2020 年 7 月 16 日 14 时 30 分，南新联圩爱民村巡堤查险过程中，发现大港灌溉闸进水闸闸门存在漏水情况，进水渠道有水流入。

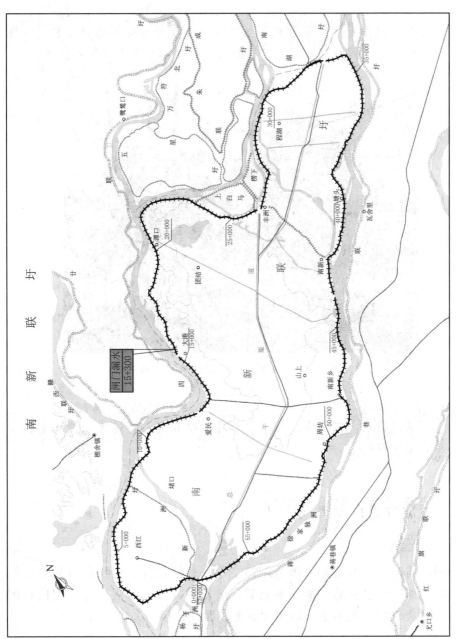

图 3.2-1 南新联圩平面布置及险情位置示意图

3. 抢护方法及效果

发现情况后，潜水员立即到现场实地处理，潜水员于 7 月 16 日 17 时 15 分到达，潜水查勘后，发现漏水原因为灌溉闸进水闸闸门密封不严，潜水查勘情况见图 3.2-2。结合现场物料情况以及险情处置的紧迫程度，现场决定采取用棉絮对闸门渗漏处进行封堵。封堵后，漏水水量明显减少。

图 3.2-2　潜水查明险情（资料来源：黄红儒）

4. 经验总结

对于闸门漏水，应尽快查明漏水部位，结合渗水、流速等情况选择合理抢护措施进行封堵。

3.3　启闭设备失灵险情抢护

3.3.1　成因

闸门启闭失灵的主要原因是闸门变形、丝杆扭曲、启闭设备故障或机座损坏，地脚螺栓松动、钢丝绳断裂、滚轮失灵及闸门震动等。闸门启闭失灵往往造成闸门关不下，提不起或卡住而导致运用失控。

3.3.2　抢护原则和方法

在无法将螺杆从启闭机上拆下的情况下，可在现场采用活动扳手、千斤顶等工作进行矫直。当启闭设备损坏严重或造成闸门不能关闭时，应在对闸门采取抢堵措施的同时，采用起重机等设备进行抢护。

3.3.3　案例分析

案例 20

南湖圩成五电排站防洪闸门断裂启闭困难险情抢护

1. 基本情况

南湖圩位于南昌市的东北面，赣江北支支汊三老官河与无名汊之间，距南昌市约40km。圩堤东临鄱阳湖，西北面为成朱联圩，南面为南新联圩和蒋巷联圩，属江西省监狱管理局的洪都监狱管辖。南湖圩属4级堤防，圩内共有6个押犯监区，总面积12.93km²，保护耕地1.54万亩，保护人口0.41万人，堤线总长15.03km。

南湖联圩成五电排站始建于20世纪60年代，位于圩堤桩号12+237处。因年久失修、设备老化，成五电排站于2010年前后进行了拆除重建，电排站装机容量为280kW，穿堤涵管孔径为1.3m×1.3m（宽×高），采用平板钢闸门。

2. 出险过程

2020年7月12日16时左右，南湖圩农业承包户为了农田灌溉取水，擅自开启防洪闸门（开启高度约为10cm），放水经穿堤箱涵进入堤内压力水箱后，该承包户打开左右两个灌溉闸，放水进入灌溉渠道，10多分钟后，发现出水很大，随即关闭防洪闸门，却发现已经不能关到底。从闸门启闭丝杆看，大约有8cm高度关不下去，强行关闭启闭机导致启闭机座左边（面朝河流方向）的两个固定螺栓松动破坏，启闭机座呈倾斜状。

在无法关闭防洪闸门的情况下，在堤内关闭两个灌溉闸门，灌溉闸门也不能关死。其中，左边灌溉闸（面朝外河方向，下同），巨大水流冲垮了灌渠边坡浆砌石挡墙，冲毁堤脚；右边灌溉闸上冲水柱高达4～5m，险情严重，若不及时排除，将酿成大祸，造成重大损失和重大社会影响。

险情位置见图3.3-1，出险情况见图3.3-2～图3.3-4。

3. 抢护方法及效果

（1）封堵灌溉闸门。采用抛投袋装卵石封堵两个灌溉闸门，消杀水势，避免对闸门造成进一步破坏。

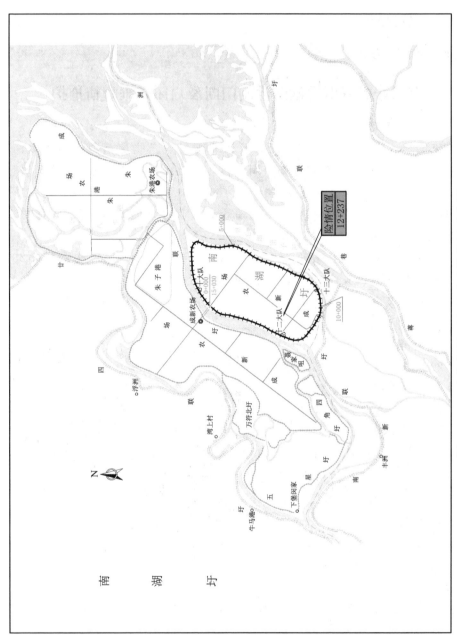

图 3.3-1 南湖圩平面布置及险情位置示意图

图 3.3-2　防洪闸门启闭机座固定螺栓松动（资料来源：张立存）

图 3.3-3　左边灌溉闸水流冲刷险情（资料来源：张立存）

（2）水下探摸防洪闸实际情况。经潜水员多次下水探摸，基本摸清了防洪闸门断裂破损的基本情况：该闸门为铸铁闸门，平面尺寸为 2.0m×2.0m（宽×高），无检修门槽，闸门已断裂成两块，其中一块最大宽 1m 的不规则门体已经倾斜变形，但未脱离原门槽，上下端仍卡在门槽内，该门体位于水下 7.5m 左右，潜水员无法移动。

（3）7 月 13 日在潜水员的配合下，将连夜赶制出的简易门体吊装入位，并用 1.5m 长槽钢平铺在闸槽顶部混凝土板上，紧接着用棉被四周塞缝，用棉被平摊闸槽顶部的槽钢上，然后抛投谷包 400 余袋和沙袋若干固定。

险情处置情况见图 3.3-5 和图 3.3-6。整个抢险工作于 7 月 13 日 16 时基本结束，两个灌溉闸冒水问题大大减少，成五电排站防洪闸门断裂破损重大险情处置基本完成，经后期巡查，处理效果良好。

图 3.3-4　右边灌溉闸冒水险情
（资料来源：张立存）

图 3.3-5　左边灌溉闸险情处置后
（资料来源：张立存）

4. 经验总结

管理单位要加强对穿堤建筑的管理，加强对工作人员风险意识等方面的培训，高水位时打开防洪闸门放水灌溉或者排涝必须经过充分的论证，切忌擅自开启，造成巨大风险隐患。

图 3.3－6　吊装连夜赶制出的简易门体（资料来源：张立存）

第 4 章

堵 口 案 例

堤防受洪水袭击发生决口，或因其他原因人为破堤后，在适当时机对口门进行封堵的工程称为堵口。

4.1　堵口原则

（1）在堤防尚未完全溃决，或决口时间不长、口门较窄时，可用大体积料物抓紧时间抢堵。

（2）选择好堵口时间。一般情况下，为减少堵口施工困难，多选在汛后或枯水季节施工。

（3）对于多处决口，一般应先堵下游口门，后堵上游口门；先堵小口，后堵大口。

（4）对于非全河夺流的河堤缺口，原河道仍然过流，其堵口堤线应选在口门跌塘上游一定距离的河滩上。

（5）对于全河夺流的口门，应根据河道地势，选好引河、堵口堤线和挑水坝的位置。

（6）在堵口堤线上，选择水深适当、地基相对较好的地段，预留一定的长度，作为合龙口。

（7）堵口施工要稳妥、迅速。

4.2　堵口方法

堵口方法主要包括立堵法、平堵法和混合堵法。

4.2.1　立堵法

立堵法是指从口门两端断堤头同时向中间进堵，或由一端断堤头向另一端推进，逐步把口门缩窄，最后进行合龙的堵口方法。

4.2.2　平堵法

平堵法是指利用打桩架桥，在桥面上或用船进行平抛物料进行堵口的方法。

4.2.3　混合堵法

混合堵法是指将立堵和平堵相结合的堵口方法。堵口时，可根据口门的具体情况和立堵、平堵的不同特点，因地制宜、灵活运用，将不同方法混合使用。如开始堵口时，一般流量较小，可用立堵快速进行；当口门缩窄至龙口时，流速较急，改为护底平堵断流闭气。

4.3　案例分析

案例 21

三角联圩堵口案例

1. 基本情况

三角联圩归属九江市永修县管辖，位于永修县东南部、修河尾闾，北临修河干流，东滨鄱阳湖，南隔蚂蚁河与新建县相邻，为一封闭圩区，堤线长 33.57km。

圩堤属 4 级堤防，保护面积 56.28km^2，保护耕地 5.03 万亩，保护人口 6.38 万人。保护区地形平坦，地势低洼，土地肥沃，生产粮、棉、油和水产品，在永修县的经济中占有举足轻重的位置。

历年汛期中，三角联圩于 1954 年、1955 年、1983 年、1998 年发生过溃堤决口险情，每次险情中受淹耕地均超 2 万亩，直接经济损失均超亿元，其中，1998 年溃堤险情中，受淹耕地达 5.03 万亩，受灾人口达 3.26 万人，死亡 2 人，直接经济损失达 2.25 亿元。

2020 年 7 月，鄱阳湖区再次发生特大洪水，受修河水位持续上涨的影响，7 月 12 日晚 7 时 40 分，三角联圩桩号 27＋870～28＋000 堤段发生决口险情。险情位置见图 4.3-1，决口现场情况见图 4.3-2。

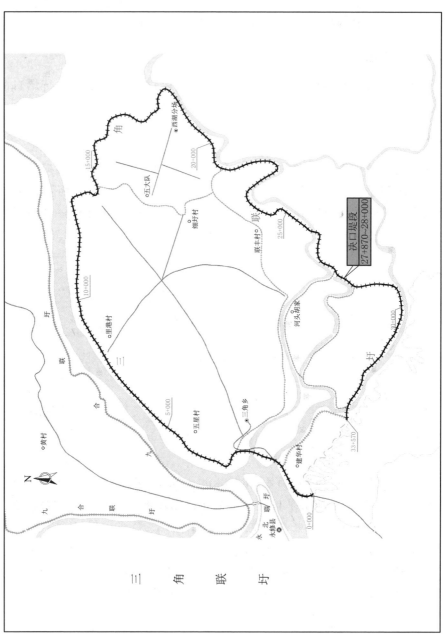

图 4.3 - 1　三角联圩平面布置及决口位置示意图

图 4.3-2　三角联圩决口现场（资料来源：王希）

发生险情堤段为三角联圩与新培圩共有堤段，该段堤身土质主要为重粉质壤土，局部为轻壤土、中粉质壤土、粉细砂等。堤基上部黏性土一般厚 1.8~4.9m，堤内较厚，一般为 5.5m，由粉质黏土及重粉质壤土组成。下部由细砂夹粉质黏土及砂砾石构成，揭露厚度 15.6m。下伏白垩系泥质粉砂岩，岩面高程一般为-1.68~-1.10m。

2. 决口险情发生过程及原因分析

（1）发生过程。7 月 12 日 8 时，吴城站水位达 22.96m，接近 1998 年最高洪水位 22.98m，与三角联圩相邻的新培圩桩号 3+300 处发生漫堤溃决，导致共有堤段开始直接拦挡洪水。据 7 月 12 日黄昏时当地群众拍摄的视频，险情堤段堤身中下部涌出大量洪水。7 月 12 日 19 时 40 分，共有堤段内桩号 27+870~28+000 范围堤段发生溃决。此时，该堤段外河水位约为 22.97m（接近共有堤段设计洪水位 23.04m）。

（2）原因分析。7 月 12 日 8 时新培圩溃决进洪后，圩内水位上涨迅猛，最高达到 22.97m。共有堤段自除险加固后到新培圩溃决进水近 10 年未挡水，堤身杂草丛生、树木茂密，存在生物洞穴（白蚁、鼠、蛇穴、枯树根洞等）的可能性极大。

经调查分析，圩堤溃决前圩堤已发生较大的漏洞险情，出水线位于堤身中下部，且颜色与堤身填土颜色相近；随时间推移险情加剧，堤身土体大量带走，漏洞口径逐渐扩大，最后导致溃堤。

3. 堵口过程及实施效果

（1）测量口门处流速、水深、口门宽度、口门处上下游水位等数据，确定堵口堤线，估算堵口工程量。

（2）对口门左侧堤身进行回填拓宽，为施工机械留出充足的作业面。

（3）在口门左右侧堤头抛石形成裹头，防止口门发展扩大。

（4）从口门两端相对进堵，同时准备钢筋石笼、混凝土预制块等，以备高流速区进占及决口合龙时使用。

（5）合龙完毕后，在进占体上下游回填黏土，对决口封堵进行闭气。

进占施工现场情况见图4.3-3。

图4.3-3 决口进占施工现场（资料来源：谢卫生）

4. 经验总结

（1）对于决口险情抢护，最重要的就是抢时间、抢进度，一方面现场要留出充足的作业面，让施工机械能互不干扰地开展工作；另一方面，要组织好人力、设备，按计划备足物料，不允许出现停工停料现象，特别是在合龙阶段，不允许有间歇等待的情况发生。

（2）决口发生后，若有条件，应立即采取措施对口门两端的堤头进行防护，防止口门发展扩大。

（3）在堵口施工中，要不间断地检查水情和工情，针对可能发生的险情进行预判，并做好预防和应对措施。

（4）堵口施工现场人员、设备众多，应采取措施确保施工现场安全，并减少对施工的干扰。

第5章

新 技 术 应 用

5.1 智慧水利防汛会诊平台

5.1.1 平台介绍

　　智慧水利防汛会诊平台是由江西省水利规划设计研究院有限公司下属单位江西武大扬帆科技有限公司在此前开发，并已经成功运用的智慧水利综合管理平台基础上，于汛期紧急推出的最新科研成果。该平台集成江西全省堤防资料、实时水雨情等数据，提供防汛抢险决策、一线专家远程会诊、防汛效果评估、灾后重建资料整编等服务。

　　一线专家们称"智慧水利防汛会诊平台"为可随身携带移动的"智囊团"，让神话故事里的"千里眼""顺风耳"变成现实。该平台可以将江西省主要圩堤资料、实时水雨情、堤防险情、抢险人员及物资储备等数据可视化呈现。专家们通过系统进行巡堤查险，对险情现场坐标进行采集，以图片、视频或语音的方式对险情进行描述，将圩堤所有的险情点及时收集、反映在一张图上，对防汛抢险的各类情况做全方位的统计。对现场不方便到达的危险区域，平台可实现无人机数据实时回传对接，方便防汛专家在后台大屏幕上综合研判险情。如现场遇突发事件，可利用"专家会诊"模块，通过图像或视频连线的方式，高效处理险情。系统还可以实时了解抢险人员及物资的储备和运行情况，为抢险调配物资提供可靠信息，最终通过平台形成"一键式"报告，既提高了专家的工作效率，也降低了工作强度。

5.1.2　应用情况及效果

　　2020 年汛期以来，平台累计用户达 6000 人，同时在线用户超千人，其中不乏江西省水利厅领导和技术专家们的身影，目前，已有 200 余名专家使用该平台巡堤查险 1600 余次，发现险情 2400 余处，视频会诊 20 余场次。应用情况见图 5.1-1～图 5.1-18。

图 5.1-1　三角联圩合龙现场传回无人机航拍画面

图 5.1-2　各级领导、专家通过智慧水利会诊平台指导防汛抢险工作

图 5.1-3　实时播报

图 5.1-4　险情统计

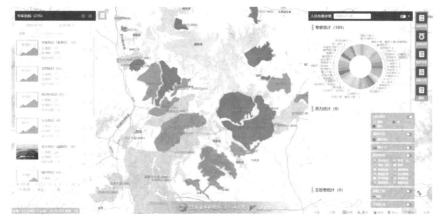

图 5.1-5　风险图

图 5.1-6　人员、物资分布图

图 5.1-7　监测信息（水位实时查看、预警）

图 5.1-8　灾后重建

图 5.1-9　视频连线

图 5.1-10　无人机巡查直播（一）

图 5.1-11　无人机巡查直播（二）

图 5.1-12　移动视频监控系统

图 5.1-13　防汛管理系统

图 5.1-14　专家分派管理

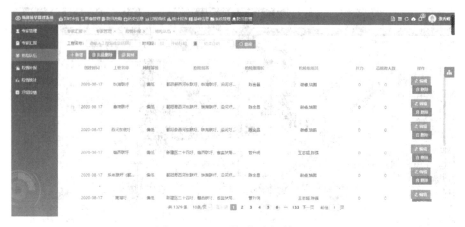

图 5.1-15 抢险队伍管理

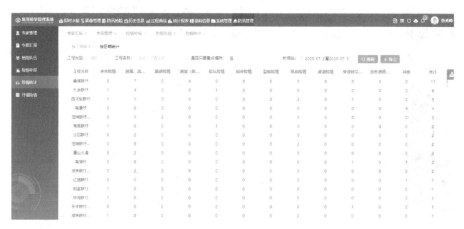

图 5.1-16 险情统计

图 5.1-17 圩堤险情

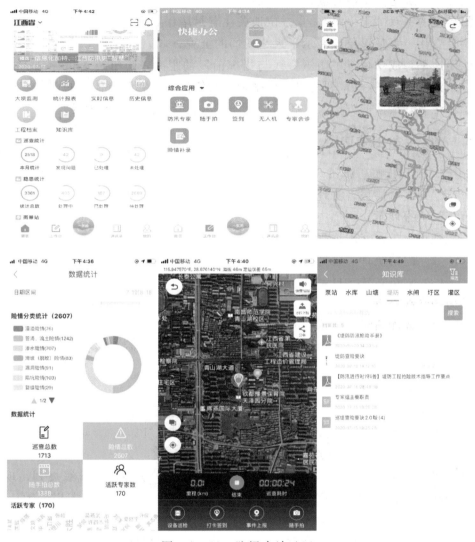

图 5.1-18　防汛会诊 App

在 7 月 14 日永修三角联圩进行封堵作业时，江西省水利厅智慧水利防汛会诊平台前，领导、专家、记者都紧盯大屏幕，观看前方传回的实时画面，专家指导组专家对着屏幕指示现场："无人机再高一点，拍到整个断面的图像。"结合画面，前方专家向江西省水利厅专家指导组报告："当前决口宽度 130m，水流速度 4.2m/s，封堵物料和机械设备均已到位，进占前期工作准备就绪。"没过多久，挖机、装载机、推土机、运输车轰隆隆地开动，钢筋石笼、巨大的混泥土块夹杂着块石、黏土一股脑儿倾泻而下，南北两岸同步施工，沿着进占轴线向前推进。无人机在空中巡查，就像专家指导组的一双"千里眼"，全方位地关注着封堵作业现场的每一个细节和每一处变化，直观形象地展示了封堵现场的全貌。

该平台成功拉近了防汛一线与指挥前线的距离，防汛技术指导组组长介绍说："通过智慧水利防汛会诊平台，我们指导组和防汛抗洪的前方实现了零距离，根据前方情况，我们可以随时派出专家前往现场增援。"

5.1.3 平台主要功能

1. 专家抢险一张图

（1）实时播报。实现巡堤查险轨迹、险情位置、现场图像、语音、视屏实时上报展示，指挥中心地图自动定位、语音实时播报，可以实时视频连线现场人员，实现远程在线会诊。

（2）险情统计。险情自动分类统计汇总，专家报告一键生成。

（3）人员布置。自动生成堤防风险图评估图，实现现场人员、物资、兵力图在线查看。

（4）监测信息。水位实时查看、预警。

（5）灾后重建。采用无人机航拍高清影像，为灾后重建提供可视化平台支持。

2. 视频会商系统

根据现场专家上报险情情况，专家指导组在后台及时研判，可以实时视频连线现场专家，实现远程在线会诊，支持"一对一""一对多"连线。

3. 无人机智能巡查系统

以无人机作为载体，搭载高清摄像头和 GPS，实现远程航线规划，现场视频及飞行轨迹实时回传查看，实现远程指挥，为防汛提供技术支持。

4. 远程移动视频监控系统

通过自主研发的移动视频监控系统，实现险情现场的不间断视频监控，结合后台视频智能分析，为领导及专家防汛决策提供支撑。

5. 防汛管理系统

实现专家分派管理、专家报告管理（专家报告一键生成）、抢险队伍管理、险情补报、险情统计（险情统计一键导出）、圩堤险情等相关功能。

6. 防汛会诊 App

实现防汛专家（巡查轨迹自动上报、桩号自动识别、险情语音、图像、视频、文字实时上报等）、随手拍（巡堤过程图片、视频在线记录）、签到（现场签到、打卡）、无人机（自动识别无人机、无人机操控、视频、轨迹实时回传，录像查看等）、专家会诊（专家视频连线、远程在线图像、视频、文字、语音会诊）、险情补录，工程档案（堤防资料在线查看），统计汇总（险情分类汇总）、一张图（险情信息实时播报、桩号、水位实时查询）、知识库（巡堤查险知识在线学习）等功能。

5.2　水文应急监测新技术

由于问桂道圩、中洲圩、三角联圩三溃口圩堤附近无水文站点，对于溃口处水位流量资料需重新获取，这时水文新仪器新设备就派上用场。针对溃口圩堤不同情况，江西水文利用 GPS-RTK、无人机、遥控船等新仪器新设备开展应急监测，通过测量溃口形态、水位、水深、流速、流量等重要实时数据，为中洲圩、三角联圩、问桂道圩的抢险救援、溃堤堵口方案提供水文情势分析和技术支撑。应用情况见图 5.2-1～图 5.2-8。

图 5.2-1　RTK 溃口高程测量

图 5.2-2　全站仪溃口门宽测量

图 5.2-3　遥控船溃口测流

图 5.2-4　无人机高空作业

图 5.2-5　手持电波流速仪在鄱阳湖中洲圩溃口施测

图 5.2-6　抛投压力式水位计实测溃口水深

图 5.2-7　走航式 ADCP 溃口流量施测

5.2.1　GPS-RTK

　　测定溃口发生地地理位置信息，并通过施测溃口堤顶高程和附近水文测站的水准点、实时水位等，统一高程基面，以便溃口与周边水文站点水文情势变化快速关联。结合全站仪施测堤防形态，分析计算溃口的土方量，为溃口封堵物料筹备和调度提供支撑。

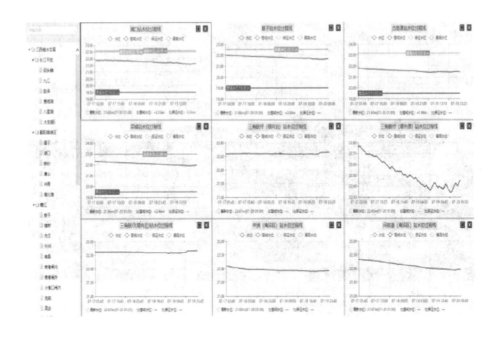

图 5.2 - 8　重点圩堤水情监控实时监测系统（资料来源：江西省水文局）

5.2.2　免棱镜全站仪

施测溃口宽度变化过程和堤防形态等，在溃口附近临时水尺无法布设或水位观测危险时，可代替水尺施测溃口水位。

5.2.3　遥控船

以遥控船为水上作业载体，搭载需涉水监测的水文仪器设备。遥控船具有质地轻盈牢固、以空气驱动为动力避免漂浮物缠绕、无线通信控制等特点。遥控船搭载 ADCP 快速便捷地收集了三角联圩口流速在 3m/s 以下的溃口断面、水深、流速、流量等监测信息。

5.2.4　无人机测流系统

以无人机作为载体，搭载高清摄像头和 RTK GPS，快速收集水面图像和无人机位置、高度等准确信息，利用 PIV 图像处理技术获得水面流速流态，结合水文模型计算断面流量。在问桂道圩、中洲圩和三角联圩溃口无法使用遥控船条件时，实现溃口流速流量监测。

5.2.5　无人机航拍

通过搭载高清摄像头高空作业，进行影像航拍，获取溃口和淹没区的影像资料。

5.2.6　手持电波流速仪

在溃口附近流速过大无法行船，走航式 ADCP 无法施测时，采用电波流速仪施测表面流速，计算流量。手持电波流速仪在中洲圩溃口流速监测中广泛应用。

5.2.7　压力式水位计

压力式水位计具有携带方面、安装简单、安全等特点，利用 RTU 可实现水位远程在线监测。在问桂道圩、中洲圩和三角联圩溃口使用压力式水位计进行堤内、堤外水位自动监测，既减轻业务作业劳动强度，又确保了作业人员安全。加大压力式水位计重量，可采用抛投方式施测溃口临近岸边、水流漩涡处的水深。

5.2.8　走航式 ADCP

走航式 ADCP 以水文测船、遥控船、三体船为载体，利用声学多普勒技术，快速收集流速量，具有精度高、适用范围广、人为因素干扰少等特点，是溃口断面、水深、流速、流量监测的重要设备。走航式 ADCP 在三角圩水文监测中发挥了重要作用。

5.2.9　平台搭建，实时动态监测和发布

在江西水文公众号平台上对雨量站、水位站监测数据进行实时更新；收集、梳理全省 51 座 5 万亩以上圩堤的防护范围、防护对象，逐一关联参证水文站，紧急开发重点圩堤水情预警功能模块，24 小时密切监视圩堤附近水位变化，对每小时水位变幅大于 0.05m 以上的圩堤进行自动报警，水情人员对异常数据及时作出判断，为保障圩堤防洪安全提供水文技术支持。

5.3　高密度电法探测技术

5.3.1　探测原理及优势

高密度电法是一种无损检测手段，通过分析电阻率剖面，发现可能存在的渗漏通道，就像给堤防做"CT"，这项技术能够快速、准确地探测出堤身渗漏通道位置及范围，有助于增强抢险针对性，缩小处理范围，加快险情处置，节约处理成本。

该方法属于阵列勘探方法，是基于传统的对称四极直流电测深法基本原理，以岩土体的导电性差异为基础的一种电学勘探方法。在水利工程中主要应用于堤防隐患探测、防渗墙实体质量检测、灌浆质量检测及滑坡调查等。

5.3.2　应用情况及效果

2020 年 7 月，江西省水利科学研究院采用高密度电法探测技术，分别在鄱阳县碗子圩、畲湾联圩、西河东联圩，南昌县红旗联圩，余干县古埠联圩等堤防进行堤防渗漏通道探测，共探测堤长 1800m，经过现场数据采集和反演结果分析，在碗子圩探测到 8 处渗漏通道，在畲湾联圩探测到 5 处渗漏通道，在西河东联圩探测到 2 处渗漏通道，在红旗联圩探测到 2 处渗漏通道、在古埠联圩探测到 6 处渗漏通道。应用情况见图 5.3-1。

高密度电法对堤防渗漏通道探测的结果较准确，处理后效果明显。在碗子圩及西河东联圩现场验证，漏洞位置、深度与探测数据吻合；在畲湾联圩桩号 17+400 约 200m 范围的散浸和集中渗漏群，经高密度电法探测，将堤内渗漏通道范围缩减到 15m 内。在南昌县红旗联圩乐圩闸渗水点，通过探测成功找出渗漏通道位置，经与设计图纸比对分析，结论一致。该技术良好的效果得到了当地干部群众的一致肯定。

图 5.3 - 1　高密度电法探测仪器使用现场
（资料来源：江西省水利科学研究院）

附录

2020 年圩堤险情统计表

本附录主要统计本手册案例中的圩堤，通过智慧水利防汛会诊平台 App 导出防汛专家在现场录入的圩堤险情信息。

表 1   2020 年矶山联圩险情统计表

序号	险情桩号	险情类型	险 情 描 述
1	下坝 0＋170～0＋220	渗水险情	南端坝肩 50m 范围，坝内坡出现散浸
2	中坝 0＋040～0＋150	渗水险情	坝内坡出现散浸
3	下坝 0＋150	泡泉险情	堤脚处渗流量约为 0.2L/s，冒清水
4	下坝 1＋900、1＋980、2＋100	泡泉险情	距离堤脚 1m 泡泉，渗流量约为 1L/s，冒清水
5	西湖坝 0＋220	渗水险情	西湖西南角 1 处清水渗漏
6	西湖坝 0＋150	渗水险情	北边底部清水渗漏，漏水点至外坝脚距离有 100m 以上
7	下坝 1＋370	泡泉险情	北端内坡脚，距离堤脚 1m 出现泡泉，渗流量约为 0.2L/s，冒清水
8	下坝 0＋230	泡泉险情	南段内坡脚，距离堤脚 0.5m 出现泡泉，渗流量约为 0.15L/s，冒清水
9	下坝 2＋180～2＋300	渗水险情	堤内坡脚渗漏
10	中坝 0＋000～0＋010	渗水险情	散浸险情，内坡坝脚出现 2 个渗漏点，均为清水

续表

序号	险情桩号	险情类型	险情描述
11	下坝 1+920	渗水险情	堤内坡脚新出现 1 处集中渗漏点
12	西湖坝 0+072	渗水险情	西湖排涝站房与涵闸之间内坡中下部新出现 1 处集中渗漏点
13	西湖坝 0+150、下坝 1+000	临水崩塌险情	堤防迎水面混凝土预制块大面积脱落，风浪较大，预制块脱落部位堤身受波浪淘刷严重，堤身已形成较大塌陷
14	下坝 1+550	临水崩塌险情	风浪太大，导致外坡预制块底下的砂土被冲走，预制混凝土块脱落
15	中坝 0+487	临水崩塌险情	风浪冲刷外坡塌方
16	中坝 1+525	泡泉险情	外湖水位为 19.73m 时，中坝老泡泉开始渗出清水；外湖水位为 22.11m 时，局部坝脚开始松软；外湖水位为 22.41m 时，泡泉处开始出大量浑水，其中桩号 1+525（地面高程为 15.70m）处泡泉因多年出险，水土流失较大，淘空近 1.5m 深
17	西湖坝 1+030	泡泉险情	西湖坝堤后内湖（西湖排涝站排水压力钢管右侧约 2.5m 处，水面集中冒浑水，该处水深约为 2m，在近处能看见明显由水底往上翻滚至水面的水波（蘑菇云状），浑水水面为直径约 2m 的圆
18	中坝 0+480～0+680、下坝 0+350～0+550	渗水险情	圩堤背水坡出现大面积"冒汗"现象，堤身潮湿，脚踩有陷落感

表 2　　　　　　　　2020 年康山大堤险情统计表

序号	险情桩号	险情类型	险情描述
1	25+000	漫溢险情	石口电排站出水盆两边边墙检查通道口过低，外水水位过高，导致溢水
2	26+900～27+050	渗水险情	堤脚散浸，长度约为 150m
3	28+200	渗水险情	管口出水
4	28+730	渗水险情	堤脚散浸，长度约为 20m，有 4 处集中渗漏点

续表

序号	险情桩号	险情类型	险 情 描 述
5	30+400～ 30+500	渗水险情	堤脚散浸，长度约为 100m，其中桩号 30＋450 处集中渗漏点渗水较大
6	31+985	泡泉险情	堤脚泡泉，直径约 15cm，距堤脚约为 2m
7	2+200	渗水险情	堤脚轻微渗水，长度约为 50m
8	1+000	穿堤建筑物险情	老涵管处渗漏
9	3+650～ 3+700	渗水险情	堤脚轻微渗水，长度约为 50m
10	10+985	泡泉险情	距离堤脚约 40m，出水为清水，直径约为 20cm
11	15+770～ 15+790	渗水险情、背水脱坡险情	堤脚散浸，长度约为 20m，其中 15＋780 处塌方，长约 6m
12	17+970～ 18+000	渗水险情	堤脚散浸，长度约为 30m，有 2 处集中渗漏点
13	22+800～ 22+980	渗水险情	堤脚渗水，长度约为 180m
14	11+350	背水脱坡险情	堤身塌方长 100m
15	11+600～ 11+700	背水脱坡险情	滑坡体距堤顶约 2m，长约 100m，上部见明显裂缝，裂缝高差为 30～60cm，宽 5～8cm，坡脚未见明显滑动或鼓起，判断为浅层滑动。滑坡体下部土体饱和，脚踩有陷落感
16	25+600～ 25+750	渗水险情	背水面堤脚有轻微清水渗漏
17	2+250～2+500、3+500～3+600	渗水险情	背水面堤脚有轻微清水渗漏
18	31+800	渗水险情	背水面堤脚有轻微清水渗漏
19	18+500～ 18+510	渗水险情	有 2 个集中渗漏点，出水小，水质清
20	4+680～ 4+730	渗水险情	压浸台洼地积水严重
21	8+300	渗水险情	压浸台洼地积水严重

续表

序号	险情桩号	险情类型	险情描述
22	13+500~17+970	渗水险情	背水堤脚散浸
23	13+500	泡泉险情	背水堤脚有泡泉 1 处
24	15+780	背水脱坡险情	轻微塌方
25	18+000~22+500	渗水险情	背水堤脚散浸
26	22+400	泡泉险情	背水堤脚附近有泡泉 1 处
27	32+500~32+560	渗水险情	背水堤脚有集中渗漏点多处
28	34+400	渗水险情	背水堤脚有集中渗漏点 2 处
29	32+750	渗水险情	背水堤脚有集中渗漏点 1 处
30	11+350、11+370	泡泉险情	压浸台有小泡泉 2 处
31	31+350~31+800	渗水险情	堤脚处，渗流量约为 0.01L/s，冒清水
32	24+000	泡泉险情	距离堤脚 40m 处，渗流量约为 0.02L/s，冒浑水
33	7+300	泡泉险情	距离堤脚 60m 处，渗流量约为 0.025L/s，冒清水
34	31+400	渗水险情	堤脚处，渗流量约为 0.01L/s，冒清水
35	21+300	漏洞险情	距离堤脚 40m 已废弃的压水井冒水，渗流量约为 0.1L/s，冒清水
36	10+050	泡泉险情	距离堤脚 50m 处泡泉，渗流量约为 0.1L/s，冒浑水
37	4+400	临水崩塌险情	迎水面约 15 块预制块松动，风浪冲刷
38	8+800	临水崩塌险情	迎水面约 5 块预制块松动，风浪冲刷
39	16+200	临水崩塌险情	迎水面约 12 块预制块松动，风浪冲刷
40	5+400	泡泉险情	距离堤脚 40m 处，渗漏量约为 0.02L/s，冒清水
41	1+000	临水崩塌险情	外坡预制块塌陷 3 处，约 5m^2
42	9+850	泡泉险情	距离堤脚 20m 处，渗流量约为 0.01L/s，冒清水

表 3   2020 年乐丰联圩险情统计表

序号	险情桩号	险情类型	险 情 描 述
1	6+300	泡泉险情	高铁地勘钻孔冒清水，未翻沙
2	0+600	渗水险情	背水面冒水
3	5+400	渗水险情	背水面冒清水
4	9+800	渗水险情	背水面冒清水
5	6+920	泡泉险情	出浑水，量大、翻沙
6	6+750	泡泉险情	出浑水，量大、翻沙
7	6+680	泡泉险情	出浑水，量大、翻沙
8	6+400	泡泉险情	出浑水，量大、翻沙
9	6+330	泡泉险情	出浑水，量大、翻沙
10	6+100	泡泉险情	出浑水，量大、翻沙
11	3+200	泡泉险情	冒水翻沙
12	8+120	泡泉险情	冒水翻沙
13	1+250	渗水险情	背水面冒清水
14	4+000	渗水险情	背水面冒清水
15	9+710	泡泉险情	出浑水，量大
16	8+200	泡泉险情	冒浑水，翻沙
17	9+730	泡泉险情	有泡泉 2 处，出浑水，量大
18	8+500	漏洞险情	连接信江的废弃排涝穿堤箱由于盖板破损，信江水从箱涵直通堤内
19	5+556	泡泉险情	出浑水，量大
20	9+100	泡泉险情	冒浑水，翻沙
21	6+140	泡泉险情	距离堤脚下 50m 处，冒浑水，翻沙
22	3+680	渗水险情	堤脚处，背水面有 2 处冒水
23	2+000	泡泉险情	冒大量清水，翻沙，直径为 30cm
24	9+105	泡泉险情	冒浑水，翻沙
25	10+200	泡泉险情	有 4 处泡泉
26	23+000	渗水险情	散浸
27	22+630	泡泉险情	泡泉
28	21+400	泡泉险情	泡泉
29	18+950	渗水险情	散浸

续表

序号	险情桩号	险情类型	险 情 描 述
30	17＋950	背水脱坡险情	脱坡
31	25＋900	渗水险情	散浸，长约 460m
32	22＋900	渗水险情	散浸，长约 860m
33	3＋400	泡泉险情	距离堤脚 200m 处排水沟，渗流量约为 0.2L/s，冒浑水
34	20＋510	背水脱坡险情	脱坡
35	4＋100	泡泉险情	距离堤脚 150m 处田中，渗流量约为 0.1L/s，冒浑水
36	22＋200	渗水险情	该段土质含沙量特别大，堤身大量渗水险情，堤脚软化
37	6＋850	泡泉险情	距离堤脚 50m 处，渗流量约为 0.2L/s，冒清水
38	8＋600	泡泉险情	距离堤脚 80m 处，渗流量约为 0.3L/s，冒浑水
39	8＋050	泡泉险情	距离堤脚 100m 处，渗流量约为 0.3L/s，冒浑水
40	7＋200	泡泉险情	距离堤脚 100m 处，渗流量约为 0.2L/s，冒清水
41	18＋460～18＋580	渗水险情	防汛仓库堤段堤脚散浸
42	20＋500～20＋680	渗水险情	方宋村堤段堤脚散浸
43	4＋200	泡泉险情	距离堤脚 300m 处田中，渗流量约为 0.2L/s，冒清水
44	4＋250	泡泉险情	距离堤脚 320m 处农田中，冒浑水
45	1＋400	泡泉险情	距离堤脚 200m 处农田中，冒清水
46	25＋450～25┝850	渗水险情	堤脚农田散浸渗水，形成大面积弹簧土
47	2＋350	泡泉险情	距离堤脚约 50m 处，渗流量约为 0.1L/s，冒浑水
48	21＋750	渗水险情	堤脚农田散浸渗水，形成大面积弹簧土

续表

序号	险情桩号	险情类型	险 情 描 述
49	2+500	泡泉险情	距离堤脚约 200m 处农田中，泡泉，渗流量约为 0.2L/s，冒浑水
50	10+150	泡泉险情	距离堤脚约 300m 处农田中，泡泉，渗流量约为 0.2L/s，冒清水
51	4+300	泡泉险情	距离堤脚约 300m 处农田中，泡泉，渗流量约为 0.2L/s，冒清水
52	13+340	渗水险情	散浸
53	7+150	泡泉险情	距离堤脚 150mm 泡泉，渗流量约为 0.3L/s，冒浑水
54	10+200	泡泉险情	距离堤脚约 300m 处农田中，泡泉，渗流量约为 0.1L/s，冒清水
55	10+300	泡泉险情	距离堤脚约 450m 处水沟中，泡泉，渗流量约为 0.05L/s，冒清水
56	0+200～2+900	渗水险情	堤身渗漏，冒清水，渗水量一般
57	11+000～11+705	渗水险情	堤身渗漏，冒清水，渗水量一般
58	14+650	渗水险情	散浸
59	12+650	泡泉险情	距离堤脚约 200m 机耕道边脚处，渗流量约为 0.1L/s，冒清水
60	7+200	泡泉险情	距离堤脚 80m 处，渗流量约为 0.1L/s，冒清水
61	18+100	渗水险情	堤脚集中渗漏，出水量较大
62	9+000	泡泉险情	距离堤脚约 300m，渗流量约为 0.1L/s，冒清水
63	12+740	渗水险情	堤脚散浸
64	6+960	泡泉险情	距离堤脚 200m 处，渗流量约为 0.2L/s，冒清水
65	7+080	泡泉险情	距离堤脚 150m 处，渗流量约为 0.3L/s，冒清水

续表

序号	险情桩号	险情类型	险情描述
66	17＋150	泡泉险情	距离堤脚 100m 处泡泉，渗流量约为 0.3L/s，冒浑水
67	22＋500	渗水险情	堤脚渗漏，出水量较大
68	21＋300	穿堤建筑物险情	灌溉涵距离堤脚 35m 处泡泉，渗流量约为 0.2L/s，冒清水
69	20＋510	渗水险情	堤脚处，渗流量约为 0.2L/s，冒清水
70	25＋800	渗水险情	堤脚处，渗流量约为 0.02L/s，冒清水
71	4＋400	泡泉险情	距离堤脚 150m 处，渗流量约为 0.2L/s，冒浑水
72	3＋700	泡泉险情	距离堤脚 10m 处，渗流量约为 0.1L/s，冒清水
73	4＋800	泡泉险情	距离堤脚 150m 处，渗流量约为 0.2L/s，冒浑水
74	5＋370	泡泉险情	距离堤脚 200m 处，渗流量约为 0.2L/s，冒浑水
75	6＋000	泡泉险情	距离堤脚 150m 处，渗流量约为 0.2L/s，冒浑水
76	12＋708	临水崩塌险情	冲刷
77	12＋730	临水崩塌险情	冲刷
78	13＋150	临水崩塌险情	迎水面塌陷
79	13＋750	临水崩塌险情	迎水面塌陷
80	2＋300	泡泉险情	离堤脚 50m 处泡泉，渗流量约为 0.3L/s，冒浑水
81	1＋000	泡泉险情	距离堤脚 50m 处泡泉，渗流量约为 0.3L/s，冒浑水
82	3＋400～4＋100	渗水险情	堤身渗漏，冒清水，渗水量一般
83	25＋78	渗水险情	渗漏
84	20＋550	渗水险情	渗漏
85	6＋600～7＋100	渗水险情	堤身渗漏，冒清水，渗水量一般
86	19＋800	渗水险情	渗漏
87	18＋520	渗水险情	渗漏

续表

序号	险情桩号	险情类型	险　情　描　述
88	16＋460	渗水险情	渗漏
89	14＋700	渗水险情	渗漏
90	17＋170	渗水险情	距离堤脚 100m 处，渗流量约为 0.1L/s，冒清水
91	18＋780	渗水险情	渗漏
92	18＋450	渗水险情	渗漏
93	22＋850	渗水险情	渗漏
94	15＋100	渗水险情	渗漏
95	14＋250	渗水险情	渗漏
96	14＋350	渗水险情、背水脱坡险情	散浸、脱坡
97	6＋650	泡泉险情	距离堤脚 80m 处，渗流量约为 0.1L/s，冒浑水
98	21＋900	渗水险情	堤脚处，渗水量约为 0.03L/s，冒清水
99	17＋950	渗水险情	堤脚处，渗流量约为 0.01L/s，冒清水
100	23＋480	渗水险情	堤脚处，渗流量约为 0.05L/s，冒清水
101	25＋150	渗水险情	堤脚处，渗流量约为 0.05L/s，冒清水
102	25＋250	渗水险情	堤脚处，渗流量约为 0.05L/s，冒清水
103	8＋050	穿堤建筑物险情	压力涵箱底部，距离堤脚 50m 处，渗漏量约为 0.01L/s，冒清水

表 4　　　　　　　　2020 年西河东联圩险情统计表

序号	险情桩号	险情类型	险　情　描　述
1	14＋000	穿堤建筑物险情	低闸闸门二级混凝土老化脱落，造成闸门上部严重漏水
2	10＋080	泡泉险情	泡泉
3	6＋770	穿堤建筑物险情	闸门止水橡皮漏水
4	10＋770	漫溢险情	外河水位高过龙尾电排站的压力水井，不从压力水井顶部溢出，溢出的水冲刷堤坡
5	17＋875	穿堤建筑物险情	闸门关不了
6	8＋300	泡泉险情	泡泉

续表

序号	险情桩号	险情类型	险 情 描 述
7	1+700	泡泉险情	堤脚附近出现多个泡泉，约有 50m²
8	10+110	泡泉险情	泡泉
9	1+400	泡泉险情	彭丰兴旺大桥上游，在堤脚附近出现多个泡泉，约有 30m²
10	13+373	泡泉险情	坡脚处出现泡泉群，流出的清水
11	8+550	泡泉险情	泡泉
12	8+750	泡泉险情	泡泉
13	8+800	泡泉险情	泡泉
14	8+850	泡泉险情	泡泉
15	8+880	泡泉险情	泡泉
16	20+207	漏洞险情	圩堤半腰穿洞流浑水
17	20+800	泡泉险情	距离堤脚附近 40m 处稻田里冒水
18	20+830	泡泉险情	圩堤堤脚流浑水
19	21+000	泡泉险情	泡泉
20	21+250	泡泉险情	泡泉
21	7+150	漏洞险情	堤坡脚处有一洞，有水流出，水量较大，有泥沙带出
22	18+350	漏洞险情	圩堤半腰穿洞流浑水
23	18+400	漏洞险情	圩堤半腰穿洞流浑水
24	15+000	泡泉险情	在堤脚农田处出现多处泡泉，出水口直径为 2～3cm，出水量较大
25	15+500	泡泉险情	长约 50m 的堤坡脚处出现多个出水点，出水点的孔径为 3～4cm
26	10+550	泡泉险情	龙尾村支部前面，长约 50m 的堤坡脚处出现多个出水点，出水点的孔径为 3～4cm
27	7+900	泡泉险情	北湾函馆边，长约 20m 的堤坡脚处出现多个出水点，出水点的孔径为 3～4cm
28	10+500	泡泉险情	龙尾村支部前面，堤身出现泡泉，出水口直径为 3～4cm，出水量较大
29	1+600	泡泉险情	兴旺大桥附近，堤脚处出现一处泡泉，出水量较大，挟带少量泥沙

续表

序号	险情桩号	险情类型	险 情 描 述
30	8+950	泡泉险情	泡泉
31	9+000	泡泉险情	泡泉
32	9+070	泡泉险情	泡泉
33	9+800	穿堤建筑物险情	电排站出水口渗漏
34	18+100	漏洞险情	圩堤半腰穿洞流浑水
35	19+000	漏洞险情	圩堤半腰穿洞流浑水、堤顶外坡下沉冒浑水
36	27+600	泡泉险情	圩堤脚稻田里冒水
37	15+800	泡泉险情	港头杨家村，堤脚处出现 1 处泡泉，涌水量较大
38	23+200	泡泉险情	离圩堤脚35m处冒水翻沙、直径为1.2m
39	21+251	漏洞险情	圩堤脚出现堤身穿洞流浑水
40	13+480	泡泉险情	七屋村处，泡泉，冒清水
41	9+800	泡泉险情	泡泉
42	24+500	漏洞险情	堤身半腰出现堤身穿洞流浑水
43	24+620	背水脱坡险情	距离圩顶5m处出现内脱坡，长约50m
44	15+800	跌窝险情、泡泉险情	堤脚出现多处泡泉，长约15m，堤身因渗流冲毁白蚁窝而出现跌窝，宽1.5m，深0.6m
45	9+900	泡泉险情	泡泉
46	16+350	泡泉险情	堤脚附近，带出泥土
47	8+100	泡泉险情	在堤脚处出现 1 泡泉，出水量较大
48	7+700	渗水险情	在坡身上出现小面积散浸，带出泥土
49	9+600	泡泉险情	堤脚处出现泡泉群，出水量大
50	31+900	漏洞险情	堤身出现堤身穿洞流浑水
51	25+700	漏洞险情	堤身出现堤身穿洞流浑水
52	26+800	漏洞险情	堤身出现堤身穿洞流浑水
53	26+831	泡泉险情	堤脚稻田里冒水
54	23+300	泡泉险情	距离堤脚40m处冒水翻沙、直径为1.5m
55	15+400	泡泉险情	泡泉翻沙
56	11+600	泡泉险情	大泡泉

续表

序号	险情桩号	险情类型	险 情 描 述
57	14＋900	泡泉险情	泡泉翻沙
58	24＋500	背水脱坡险情	背水坡发生 60m 长的裂缝，裂缝下部堤坡产生脱坡，并有恶化趋势
59	21＋252	漏洞险情	堤脚出现堤身穿洞流浑水
60	10＋100	泡泉险情	泡泉
61	21＋253	漏洞险情	堤脚出现堤身穿洞流浑水
62	10＋040	泡泉险情	泡泉
63	6＋600	穿堤建筑物险情	闸门漏水
64	25＋00	漏洞险情	堤身穿洞，浑水出流，流速较快，并有恶化趋势
65	25＋050	漏洞险情	堤身穿洞，浑水出流，流速较快，并有恶化趋势
66	29＋900	漏洞险情	堤身穿洞，浑水出流，流速较快，并有恶化趋势
67	20＋900	漏洞险情	圩堤半腰穿洞流浑水
68	25＋060	漏洞险情	堤身半腰出现堤身穿洞流浑水
69	25＋300	漏洞险情	渗漏点距内坡堤脚垂直高度约为 2.5m，渗漏处最大渗漏点孔径约为 10cm，浑水，有细小颗粒被带出，流量较大，有压，呈水柱喷涌状，有继续发展趋势
70	19＋100	漏洞险情	堤身穿洞，浑水出流，流速较快，并带有土颗粒
71	25＋000	漏洞险情	堤身穿洞，浑水出流，流速较快，并有恶化趋势
72	10＋050	泡泉险情	泡泉
73	8＋200	泡泉险情	计家背后至北湾下圩路，距离堤脚 200m 处泡泉
74	16＋900	泡泉险情	泡泉
75	20＋300	漏洞险情	圩堤半腰穿洞流浑水
76	15＋300～15＋900	漏洞险情	堤身穿洞

续表

序号	险情桩号	险情类型	险 情 描 述
77	24＋250	漏洞险情	堤身穿洞
78	24＋315	漏洞险情	堤身穿洞
79	10＋200	泡泉险情	出现 1 处泡泉
80	11＋850	泡泉险情	泡泉，出水量大
81	26＋350	泡泉险情	冒浑水
82	20＋050	漏洞险情	堤身穿洞
83	29＋900	漏洞险情	堤身穿洞
84	25＋000	漏洞险情	堤身穿洞
85	24＋750	泡泉险情	冒浑水
86	25＋400	泡泉险情	冒浑水
87	25＋700	泡泉险情	冒浑水
88	24＋850	泡泉险情	冒浑水
89	18＋900	穿堤建筑物险情	背水坡压力水箱外壁处流浑水，流速较大，初步判断是沿管壁渗漏
90	10＋350	泡泉险情	距离堤脚 20m 泡泉，渗流量为 0.1L/s，冒清水
91	26＋000	漏洞险情	小港电排站附近，3 处堤身穿洞险情，出浑水
92	26＋600	渗水险情	圩堤堤身渗漏
93	22＋300	泡泉险情	距离堤脚 20m，渗流量约为 0.1L/s，冒清水
94	15＋700	泡泉险情	距离堤脚 30m 渗流量约为 0.3L/s，冒浑水
95	18＋900	临水崩塌险情	塌孔
96	9＋700	泡泉险情	距离堤脚 0.3m 处，渗流量约为 0.2L/s，先冒浑水后冒清水
97	9＋850	漏洞险情	穿洞
98	10＋120	跌窝险情	跌坑
99	30＋400	跌窝险情	跌陷
100	9＋680	泡泉险情	堤脚附近处渗流量约为 0.4L/s，冒浑水

表 5 **2020 年芙蓉内堤险情统计表**

序号	险情桩号	险情类型	险 情 描 述
1	4+090	跌窝险情	沿江公路大桥往上 600～700m 处，同堤段相隔 10～20m 处共有 3 处类似跌窝险情
2	4+100	泡泉险情	距堤脚 10m 处渗流约为 0.5L/s，出浑水
3	3+700	渗水险情	堤脚处渗漏，渗流量约为 0.2L/s，冒浑水
4	3+680	漏洞险情	堤脚附近有洞，渗流量约为 1L/s 冒浑水
5	0+970	背水脱坡险情	堤顶原路面裂缝增宽
6	4+180	泡泉险情	距离堤脚 1m 处泡泉，渗流量约为 0.03L/s，冒浑水
7	4+150	泡泉险情	距离堤脚 1m 处泡泉，渗流量约为 0.02L/s，冒浑水
8	2+700	漏洞险情	芙蓉桥头迎水面出现漩涡，背水侧堤身出现集中渗漏，现场在迎水侧抛袋装黏土，背水侧填筑反滤围井，一段时间内渗漏点有时浑水有时清水，渗水量稍有减少

表 6 **2020 年九合联圩险情统计表**

序号	险情桩号	险情类型	险 情 描 述
1	28+250～28+700	泡泉险情	分布有 7 处泡泉
2	13+800～14+100	泡泉险情	出现 1 处泡泉群，共 7 个小泡泉
3	16+380	穿堤建筑物险情	自排闸泡泉
4	41+800	泡泉险情	堤脚附近出现泡泉 1 个
5	31+600	泡泉险情	泡泉 1 个
6	34+346	泡泉险情	泡泉 2 个
7	17+500	泡泉险情	小泡泉 9 处
8	18+450	泡泉险情	泡泉离堤脚约 100m，出水量较小，少量沙带出，风险较低
9	34+600	泡泉险情	泡泉 1 个

序号	险情桩号	险情类型	险 情 描 述
10	10+900	渗水险情、背水脱坡险情	出现散浸，小范围脱坡
11	9+500	渗水险情	散浸 1 处
12	8+600	泡泉险情	泡泉 1 个
13	29+200	泡泉险情	泡泉 1 个
14	19+800	泡泉险情	泡泉位于离堤脚约 500m 鱼塘里，出水量较大，并有泥沙带出
15	18+550	泡泉险情	泡泉距离堤脚约 10m，出水量较大，并有泥沙带出
16	25+540	泡泉险情	泡泉距离堤脚约 3m，出水量较小，少量沙带出，风险较低
17	25+560	泡泉险情	泡泉距离堤脚约 4m，出水量较小，少量沙带出，风险较低
18	10+800	泡泉险情	距离堤脚 0.6m 处，渗流量约为 0.17L/s，冒浑水
19	31+800	泡泉险情	距离堤脚 20m 处，渗流量约为 0.8L/s，冒浑水
20	29+300	渗水险情	堤脚处，渗流量约为 0.15L/s，冒清水
21	16+050	泡泉险情	距堤脚 15m 处，渗流量约为 0.8L/s，冒浑水
22	17+500	渗水险情	堤脚处，渗流量约为 0.7L/s，冒浑水
23	25+620	泡泉险情	距离堤脚 4m 处，渗流量约为 0.1L/s 冒清水
24	18+550	泡泉险情	距离堤脚 10m 处，渗流量约为 0.5L/s，冒浑水
25	16+050	泡泉险情	距离堤脚 10m 处，渗流量约为 0.8L/s，冒浑水
26	23+200	渗水险情	轻微散浸出水
27	17+400	渗水险情	堤脚有水流出，散浸
28	21+010	渗水险情	堤脚有水流出，散浸
29	11+000	渗水险情	堤脚处，渗流量约为 0.15L/s，冒清水
30	32+730	泡泉险情	距离堤脚 10m 处，渗流量约为 0.2L/s，冒浑水
31	5+200	泡泉险情	距离堤脚 35m 处，渗流量约为 0.5L/s，冒浑水
32	40+200	泡泉险情	距离堤脚 1m 处，渗流量约为 0.17L/s，冒浑水

续表

序号	险情桩号	险情类型	险 情 描 述
33	17＋600	渗水险情	堤脚有水流出，散浸
34	24＋518	渗水险情	堤脚有水流出，散浸
35	25＋763	渗水险情	堤脚有水流出，散浸
36	21＋050	泡泉险情	距离堤脚 3m 处，渗流量约为 0.2L/s，冒清水
37	19＋500	渗水险情	堤脚处散浸，渗流量约为 0.05L/s，冒清水
38	35＋470	渗水险情	堤脚上坡 2m 处散浸，渗流量约为 0.14L/s，冒清水
39	21＋100	泡泉险情	距离堤脚 3m 处泡泉，渗流量约为 0.09L/s，冒浑水
40	8＋600	泡泉险情	距离堤脚 5m 处泡泉，渗流量约为 0.2L/s，冒清水
41	25＋610	泡泉险情	距离堤脚 5m 处泡泉，渗流量约为 0.1L/s，冒浑水
42	37＋400	渗水险情	堤脚处散浸，渗流量约为 0.14L/s，冒清水
43	17＋500	泡泉险情	堤脚附近泡泉，渗流量约为 0.2L/s，冒浑水带泥沙
44	34＋500	漏洞险情	堤脚处有 1 处孔洞，渗流量约为 0.01L/s，冒清水
45	40＋200	泡泉险情	距离堤脚 36m 处，渗流量约为 0.2L/s，冒清水
46	16＋100	泡泉险情	距离堤脚 8m 处，渗流量约为 0.2L/s，冒浑水
47	20＋700	泡泉险情	距离堤脚 15m 处，渗流量约为 0.2L/s，冒浑水
48	30＋000	泡泉险情	距离堤脚 15m 处，渗流量约为 0.2L/s，冒浑水带泥沙
49	16＋660	泡泉险情	距离堤脚 10m，渗流量约为 0.25L/s，冒浑水
50	18＋700	泡泉险情	距离堤脚 12m，渗流量约为 0.2L/s，冒浑水
51	25＋300	泡泉险情	距离堤脚 13m，渗流量约为 0.2L/s，冒浑水

序号	险情桩号	险情类型	险 情 描 述
52	18+100～18+300	临水崩塌险情	预制块塌陷
53	29+300	临水崩塌险情	堤顶塌陷
54	17+500	背水脱坡险情	内坡塌方 15m
55	8+600	渗水险情	雨淋沟处有渗水
56	23+100	渗水险情	距离堤脚 10m 处，渗流量约为 0.09L/s，冒浑水
57	26+400	渗水险情	距离堤脚 5m 处，渗流量约为 0.08L/s，冒浑水
58	25+863	跌窝险情	内坡跌窝 2 处
59	39+100	渗水险情	冒清水
60	4+000	穿堤建筑物险情	因水长期浸泡，导致土壤松软，沿涵管外壁少量渗水
61	9+350	渗水险情	距距离堤脚 300m 处，渗流量约为 0.2L/s，冒浑水带泥沙
62	34+600	跌窝险情	堤脚处有 1 跌窝
63	29+300	渗水险情	距离堤脚 8m 处，渗流量约为 0.2L/s，冒浑水带泥沙
64	17+500	泡泉险情	堤脚处有积水，有清水渗出
65	40+200	渗水险情、背水脱坡险情	出水量较小，出清水带泥沙；内坡原宅基地土下沉，面积不大
66	1+050	泡泉险情	离堤脚约 50m 处，渗漏量约为 0.7L/s，冒浑水带泥沙
67	11+020	泡泉险情	排水渠道内，距离堤脚 45m 处，渗流量约为 0.8L/s，冒浑水带泥沙
68	3+800	泡泉险情	距离堤脚 75m 处，渗流量为 0.2L/s，冒浑水带泥沙
69	9+100	临水崩塌险情	外坡塌陷，混凝土预制块护坡损毁
70	20+600～20+700	泡泉险情	距离堤脚 1m 处，渗流量约为 0.01L/s，，冒浑水

续表

序号	险情桩号	险情类型	险 情 描 述
71	34＋600	漏洞险情	距离堤脚 5m 处，渗漏量约为 0.6L/s，冒清水带泥沙
72	31＋250	跌窝险情	迎水坡新发现跌窝 1 处，已形成贯通堤身的通道，形似拱桥桥洞，位于堤顶混凝土路面以下 2.5m，通道长 5m、宽 2.5m、高 1.5m
73	2＋500～2＋560	背水脱坡险情	背水坡出现 1 条纵向裂缝，长度约 60m，缝宽 2～3cm，裂缝处下挫 5～8cm

表 7　　　　　　　　　2020 年碗子圩险情统计表

序号	险情桩号	险情类型	险 情 描 述
1	0＋358	泡泉险情	泡泉
2	10＋100～10＋300	泡泉险情	大小泡泉群
3	0＋490	穿堤建筑物险情	提灌站闸门涵管漏水
4	2＋160	泡泉险情	房屋地下室多处泡泉
5	0＋300	临水崩塌险情	塌方，长度为 43m
6	5＋300	泡泉险情	泡泉
7	2＋600	泡泉险情	泡泉
8	3＋750	临水崩塌险情	堤外塌方，长度为 15m
9	4＋600	泡泉险情	泡泉群
10	8＋680	泡泉险情	泡泉
11	1＋120	临水崩塌险情	塌方
12	8＋380	泡泉险情	泡泉
13	3＋765	泡泉险情	泡泉
14	4＋650	漏洞险情	大穿洞
15	4＋260	泡泉险情	泡泉群
16	1＋210	泡泉险情	泡泉
17	0＋463	泡泉险情	泡泉
18	4＋165	泡泉险情	泡泉群
19	8＋700	泡泉险情	大泡泉

序号	险情桩号	险情类型	险 情 描 述
20	4＋900	泡泉险情	泡泉群
21	5＋050	泡泉险情	泡泉
22	5＋200	泡泉险情	泡泉
23	5＋388	泡泉险情	泡泉
24	1＋900	漏洞险情	穿洞
25	3＋400	漏洞险情	穿洞
26	4＋800	泡泉险情	泡泉群
27	3＋400	漏洞险情	穿洞
28	8＋980	泡泉险情	泡泉
29	9＋200	泡泉险情	大泡泉
30	4＋650	漏洞险情、临水崩塌险情	堤身穿洞险情，迎水坡塌方
31	8＋300	泡泉险情	泡泉
32	2＋500	泡泉险情	泡泉
33	7＋800	泡泉险情	泡泉
34	9＋000～10＋000	渗水险情	多处散浸
35	6＋200	泡泉险情	泡泉，出浑水
36	0＋000	背水脱坡险情	背水坡纵向裂缝
37	9＋500	漏洞险情	堤身穿洞，出浑水
38	3＋450	临水崩塌险情	堤顶路面出现约 2cm 的裂缝
39	6＋900	泡泉险情	距离堤脚 5m 处，渗流量约为 0.1L/s，冒浑水
40	8＋600	渗水险情	地下室大量渗水，带出大量泥土
41	9＋150	跌窝险情	上游出现 1 处跌窝
42	3＋600	跌窝险情	跌窝
43	3＋600	泡泉险情	距离堤脚 100m 处泡泉，渗流量约为 0.3L/s，冒浑水
44	4＋250	跌窝险情	有 1 个空洞
45	10＋900	穿堤建筑物险情	建筑物在堤脚处有渗漏
46	7＋300	跌窝险情	背水坡有 1 处跌窝

表 8　　　　　　　　　　2020 年中洲圩险情统计表

序号	险情桩号	险情类型	险情描述
1	19+380～19+680	临水崩塌险情	发生崩岸滑坡险情，堤顶混凝土路面出现多处裂缝，距堤顶外边缘约 1m 的边坡上已全部崩塌，其中的一根移动电杆严重倾斜，出现垂直滑裂面
2	32+850～32+950	临水崩塌险情	由于受大雨冲击，堤身旁边有一段滑坡
3	10+550	泡泉险情	安息堂旁边出现大泡泉
4	10+400	泡泉险情	水田里出现大量泡泉
5	30+200	漏洞险情	堤身穿洞
6	0+680	漏洞险情	堤身穿洞，冒浑水
7	9+360	泡泉险情	冒浑水
8	2+850	泡泉险情	冒浑水
9	32+600	泡泉险情	泡泉，出浑水
10	33+000	泡泉险情	泡泉
11	2+900	泡泉险情	冒浑水
12	28+650	泡泉险情	冒浑水
13	24+200	漏洞险情	堤身穿洞
14	4+940	泡泉险情	冒浑水
15	4+960	泡泉险情	冒浑水
16	4+980	泡泉险情	冒浑水
17	5+030	泡泉险情	冒浑水
18	31+400	穿堤建筑物险情	涵闸底部穿洞
19	12+710	泡泉险情	冒浑水
20	30+360	漏洞险情	冒浑水
21	2+020	漏洞险情	冒浑水
22	22+700	漏洞险情	穿孔
23	29+332	背水脱坡险情	塌方
24	18+330	背水脱坡险情	塌方
25	18+650	漏洞险情	穿洞
26	25+670	漏洞险情	穿洞
27	32+500	泡泉险情	泡泉

续表

序号	险情桩号	险情类型	险 情 描 述
28	32＋800	泡泉险情	冒浑水
29	32＋300	背水脱坡险情	塌方
30	29＋400	漫溢险情	南湖风水湾漫决

表 9 **2020 年枫富联圩险情统计表**

序号	险情桩号	险情类型	险 情 描 述
1	25＋250～25＋350	背水脱坡险情	堤身塌方
2	27＋200	渗水险情	堤身渗漏
3	27＋200	泡泉险情	出水为清水，直径为 0.1m
4	28＋900～28＋950	泡泉险情	出水为清水，直径为 0.2m
5	42＋000	泡泉险情	出水为清水，直径为 0.1m
6	30＋400	泡泉险情	泡泉出清水
7	41＋000～41＋050	背水脱坡险情	堤身塌方
8	45＋000	泡泉险情	泡泉，出浑水
9	39＋200	泡泉险情	泡泉，出清水
10	40＋200	穿堤建筑物险情	电排站门闭合不严密，漏水
11	37＋000	穿堤建筑物险情	压力水箱抗旱站水管破裂
12	0＋800	泡泉险情	出水为清水，直径为 0.1m
13	0＋500～0＋600	渗水险情	出水为清水
14	3＋800	泡泉险情	出水为清水，直径为 0.1m
15	5＋500	渗水险情	出水为清水
16	7＋700～7＋800	渗水险情	出水为清水
17	9＋800	泡泉险情	出水为清水，直径为 0.2m
18	11＋800	渗水险情	出水为清水
19	12＋000	泡泉险情	出水为清水，直径为 0.1m
20	10＋500	穿堤建筑物险情	抗旱闸冒水

续表

序号	险情桩号	险情类型	险 情 描 述
21	25＋150～ 25＋250	背水脱坡险情	堤身塌方
22	38＋500	泡泉险情	出水为清水
23	25＋780～ 26＋000	背水脱坡险情	堤防背水侧坡面于初期出现大面积渗水，一段时间后发生脱坡险情，脱坡滑动面位于堤身中上部。开始脱坡时的堤段长约30m，7月11日晚上脱坡段堤线长发展至150m左右，最大脱坡高度约为1.5m。7月13日凌晨6时左右，在背水面处理段上游侧约20m处，有新裂缝产生，裂缝长度约为25m，最大裂缝宽度约为6cm
24	27＋000	泡泉险情	泡泉共4个，直径分别为0.1m、0.1m、0.2m、0.2m
25	40＋200	渗水险情	堤脚散浸
26	48＋000	泡泉险情	距离堤脚0.5m处，渗流量约为0.3L/s，冒清水
27	28＋000	渗水险情	堤脚处，渗流约为0.4L/s，冒清水
28	24＋000	泡泉险情	堤脚处泡泉，渗流量约为0.15L/s，冒清水
29	29＋620	渗水险情	堤脚处散浸，渗流量约为0.05L/s，冒清水
30	37＋500	泡泉险情	距离堤脚0.5m处泡泉，渗流量约为0.1L/s，冒清水
31	32＋000	渗水险情	堤脚处散浸，渗流量约为0.02L/S，冒清水
32	23＋000	泡泉险情	距离堤脚0.5m处3处泡泉，渗流量约为0.1L/s，冒清水
33	26＋700～ 26＋730	渗水险情	堤脚处散浸，渗流量约为0.02L/s，冒清水
34	27＋300～ 27＋315	渗水险情	堤脚处，渗流量约为0.4L/s，冒清水

续表

序号	险情桩号	险情类型	险情描述
35	30+900	泡泉险情	堤脚附近，渗流量约为 0.8L/s，冒清水
36	28+800	泡泉险情	距堤脚 0.5m 处漏水，渗流量约为 0.2L/s，冒清水
37	37+850～37+950	渗水险情	堤脚处，渗流量约为 0.5L/s，冒清水
38	37+820～37+900	渗水险情	堤脚处，渗流量约为 0.4L/s，冒清水
39	31+050～31+150	渗水险情	堤脚处，渗漏量约为 0.01L/s，冒清水
40	22+000～22+250	泡泉险情	距离堤脚 2m 处，渗流量约为 0.5L/s，冒清水
41	37+700～37+720	渗水险情	堤脚处，渗流量约为 0.03L/s，冒清水

表 10　　　　　　　　　2020 年赣西联圩险情统计表

序号	险情桩号	险情类型	险情描述
1	2+360	跌窝险情	出现渗漏产生跌坑
2	27+000～28+000	泡泉险情	冒浑水
3	26+650	泡泉险情	距离堤脚约 10m 处泡泉
4	38+700～38+800	背水脱坡险情	背水坡发生 2 处脱坡险情，脱坡堤段分别长 50m、20m，脱坡高度约为 10m

表 11　　　　　　　　　2020 年沿河圩险情统计表

序号	险情桩号	险情类型	险情描述
1	2+080	漫溢险情	混凝土挡墙向堤内倾覆，有水进入堤路面
2	0+400	泡泉险情	距离堤脚 200m 处，泡泉
3	9+900	渗水险情	堤身渗漏
4	6+350	渗水险情	渗漏
5	8+040	漏洞险情	漏水，穿孔
6	2+600	渗水险情	距堤脚 50m 处，渗漏量约为 0.1L/s，冒清水
7	0+000	漫溢险情	水位即将涨到堤面

表 12   2020 年永北圩险情统计表

序号	险情桩号	险情类型	险 情 描 述
1	14＋300	漫溢险情	电排站全池漫顶
2	0＋300	泡泉险情	祠堂旁泡泉
3	9＋500	渗水险情	雨淋沟处渗水
4	9＋500	泡泉险情	泡泉
5	1＋500	渗水险情	堤角散浸
6	18＋500	漫溢险情	水位即将漫过灌溉井,提前加高
7	10＋300	泡泉险情	泡泉,用沙袋装土做围坝,底部填卵石
8	17＋100	泡泉险情	泡泉,用沙袋装土做围坝,底部填卵石
9	18＋000	泡泉险情	堤角附近泡泉,用沙袋装土做围坝,底部填卵石
10	16＋200	渗水险情	堤脚处散浸,卵石压浸、挖沟倒流
11	6＋500	穿堤建筑物险情	电排站闸门 2 处渗漏
12	9＋620	渗水险情	散浸长约 300m
13	5＋000	渗水险情	圩脚处,小量浸水,出水量不大
14	19＋000	泡泉险情	在大管头泡泉旁边 6m,出现直径约 10cm 泡泉,有泥沙带出
15	29＋000	泡泉险情	泡泉,直径 5cm,出水量小,出水浑浊
16	10＋000	渗水险情	出现 5cm 渗漏,出水浑浊,量不大
17	1＋200	跌窝险情	背水坡距堤脚 1m 处出现长 2.5m、宽 60cm、深 20～50cm 的跌窝
18	9＋750	泡泉险情	泡泉,距离堤脚 30m 处,渗流量约为 0.02L/s,冒清水
19	10＋150	跌窝险情	背水坡发生跌窝
20	11＋360	背水脱坡险情	小规模塌方
21	6＋300	泡泉险情	距离堤脚 10m 处,渗流量约为 0.05L/s,冒清水
22	1＋100	临水崩塌险情	迎水坡护坡中间出现约 2m^2 的预制块沉陷 30cm
23	1＋900	渗水险情	背水坡脚发现新的散浸险情 1 处
24	2＋300	泡泉险情	距离堤脚 1m 处,泡泉,渗流量约为 0.02L/s,冒清水

续表

序号	险情桩号	险情类型	险 情 描 述
25	10＋100	泡泉险情	距离堤脚 1m 处泡泉，渗流量约为 0.03L/s，冒清水
26	9＋000	泡泉险情	距离堤脚 1m 处泡泉，渗流量约为 0.01L/s，冒清水
27	1＋450	渗水险情	背水坡中间少量渗水，水量小，冒清水
28	1＋700	泡泉险情	距离堤脚 0.5m 处泡泉，渗流量约为 0.01L/s，冒清水
29	6＋500	跌窝险情	水泥护坡内土软导致跌窝
30	10＋400～11＋433	渗水险情	坡脚长时间渗水，浸泡时间长，浸润线上升
31	10＋600	泡泉险情	堤脚附近，渗流量约为 0.01L/s，冒清水
32	10＋650	跌窝险情	小跌窝
33	5＋200	渗水险情	少量渗水，水量小，冒清水
34	5＋150	渗水险情	少量渗水，水量小，冒清水
35	8＋500	泡泉险情	距离堤脚 0.5m 处，渗流量约为 0.01L/s，冒清水
36	8＋700	渗水险情	少量渗水，水量小，冒清水。
37	11＋400	渗水险情	堤脚处，渗流量约为 0.01L/s，冒清水
38	11＋500	渗水险情	堤脚处，渗流量约为 0.01L/s，冒清水
39	1＋300	渗水险情	内坡渗水
40	5＋200	渗水险情	少量渗水，水量小，冒清水
41	7＋400	渗水险情	少量渗水，水量小，冒清水
42	7＋400	渗水险情	少量渗水，水量小，冒清水
43	18＋100	泡泉险情	距离堤脚 0.2m 处，渗流量约为 0.01L/s，冒清水
44	8＋380	泡泉险情	距离堤脚 0.15m 处，渗流量约为 0.01L/s，冒清水
45	9＋600	渗水险情	少量渗水，水量小，冒清水
46	9＋370	渗水险情	少量渗水，水量很小，冒清水
47	6＋350	跌窝险情	迎水面塌陷
48	6＋850	渗水险情	少量渗水，水量小，冒清水

续表

序号	险情桩号	险情类型	险 情 描 述
49	7＋300	泡泉险情	距离堤脚 0.2m 处，渗漏量约为 0.01L/s，冒清水
50	3＋130	渗水险情	少量渗水，水量小，冒清水
51	7＋220	泡泉险情	距离堤脚 0.4m，渗流量约为 0.01L/s，冒清水
52	3＋700	临水崩塌险情	被雨水冲刷塌方，面积约为 7m²
53	6＋780	渗水险情	3 处散浸点，少量渗水，水量小，冒清水
54	10＋800	泡泉险情	水量中，冒有点翻沙的浑水
55	7＋000	泡泉险情	距离堤脚 5m，渗流量约为 0.03L/s，冒翻沙浑水
56	5＋810	渗水险情	少量渗水，水量小，冒清水
57	3＋850	背水脱坡险情	被雨水冲刷塌方，面积约为 8m²
58	1＋450	渗水险情	少量渗水，水量小，冒清水
59	9＋600	泡泉险情	距离堤脚 5m，渗流量约为 0.02L/s，冒翻沙浑水
60	10＋000	渗水险情	散浸，少量渗水，水量小，冒清水
61	2＋450	渗水险情	堤脚处，渗流量约为 0.01L/s，冒清水
62	14＋900	临水崩塌险情	被雨水冲刷塌方，面积约为 1.2m²
63	2＋300	泡泉险情	距离堤脚 1m 处，渗流量约为 0.01L/s，冒清水
64	1＋800	泡泉险情	距离堤脚 2m 处，渗流量约为 0.02L/s，冒清水
65	2＋900	泡泉险情	距离堤脚 0.5m 处，渗流量约为 0.02L/s，冒翻沙浑水
66	1＋950	穿堤建筑物险情	涵管伸缩缝漏水
67	9＋300	渗水险情	散浸，少量渗水，主动开沟导渗
68	14＋300	穿堤建筑物险情	电排站前水塘泡泉，距离堤脚 80m 处，渗流量约为 0.04L/s，冒翻沙浑水

表 13   **2020 年东升堤险情统计表**

序号	险情桩号	险情类型	险 情 描 述
1	7+440	漫溢险情	湖浪翻过堤顶，导致背水面水土流失
2	4+050	渗水险情	土质较软，堤身渗水
3	5+800	渗水险情	土质较软，堤身渗水
4	6+200、6+500、8+200	泡泉险情	距离堤脚 2～3m 处泡泉，渗流量约为 0.1L/s，冒清水
5	4+030	泡泉险情	距离堤脚 3m 处泡泉，渗流量约为 0.1L/s，冒清水
6	7+110	泡泉险情	距离堤脚约 3m 处，渗漏量约为 0.2L/s，冒清水
7	7+074	穿堤建筑物险情	丰收自排闸进水口处射流冲击堤脚排水沟并泛起浑水

表 14   **2020 年南新联圩险情统计表**

序号	险情桩号	险情类型	险 情 描 述
1	47+800	漫溢险情	南新乡政府、派出所坐落在南新圩堤楼前段，为 20 世纪 80 年代的建筑物，随着南新圩堤逐年历次加高加固，造成南新乡政府、派出所为目前南新圩堤最低洼堤段。7 月 11 日凌晨 1 时，南昌县南新乡楼前段水位达 22.83m，超警戒水位（20.5m）2.33m，已超过历史最高水位（22.67m）0.16m，超保证水位（22.81m）0.02m，洪水已经漫过楼前段乡政府、派出所沿堤挡水墙
2	15+000	泡泉险情	距离堤脚约 60m 处，冒清水
3	51+990	泡泉险情	距离堤脚 40m 处，渗流量约为 0.1L/s，冒清水
4	37+300	泡泉险情	距离堤脚约 150m 水田处，冒清水
5	52+050	泡泉险情	距离堤脚 40m 处，渗流量约为 0.1L/s，冒清水
6	24+200	泡泉险情	距离堤脚 50m 处，渗流量约为 0.1L/s，冒清水

续表

序号	险情桩号	险情类型	险情描述
7	16＋750	泡泉险情	距离堤脚 40m 处，渗流量约为 0.1L/s，冒清水
8	15＋300	穿堤建筑物险情	2020 年 7 月 16 日 14 时 30 分，巡堤人员查险过程中，发现大港进水闸密封不严，导致漏水
9	15＋500	泡泉险情	距离堤脚 60m 处，渗流量约为 0.1L/s，冒清水
10	29＋000～29＋100	渗水险情	2020 年 7 月 17 日 7 时 30 分发现背水面堤身出现散浸，堤脚有明显积水
11	36＋600～36＋900	临水崩塌险情	2020 年 7 月 19 日 14 时 30 分左右，巡查人员在巡查过程中发现迎水面堤坡下有浑水，此处迎水面堤坡没有护坡，故风浪冲刷出现浑水
12	52＋700～53＋150	临水崩塌险情	7 月 22 日 11 时 30 分，巡查人员在巡查过程中发现迎水面堤坡有浑水，此处迎水面堤坡没有护坡，故风浪冲刷出现浑水
13	35＋700	泡泉险情	距离堤脚 220m 处，渗流量约为 0.2L/s，冒清水
14	50＋575	泡泉险情	距离堤脚 20m 处，渗流量约为 0.1L/s，冒清水

表 15 　　　　　　　　**2020 年南湖圩险情统计表**

序号	险情桩号	险情类型	险情描述
1	2＋400	泡泉险情	距离堤脚约 300m 处农田里，有直径 5～10cm 的泡泉
2	7＋300	穿堤建筑物险情	堤下涵管冲开，导致洪水沿涵管倒灌入圩内
3	1＋680	泡泉险情	离堤脚约 50m 处田里，泡泉群出水点 5 个，翻沙鼓水，出水口直径约为 15cm
4	1＋000～1＋800	背水脱坡险情	堤顶水泥路出现较长裂缝，宽 2cm，水泥路面偏外有沉降现象

续表

序号	险情桩号	险情类型	险 情 描 述
5	4+500	渗水险情	内堤斜坡处直径 1cm 渗漏点 1 个
6	0+000	漫溢险情	成新大桥南湖桥头桥下老堤已上水
7	12+237	穿堤建筑物险情	成五电排站防洪闸破裂，外河水从灌溉闸大量渗出
8	5+100	泡泉险情	距离堤脚约 50m 处，泡泉群出水点 5 个，直径为 5~10cm
9	11+300~11+500	渗水险情	堤脚处有 1 个直径为 3cm 的渗漏点
10	9+500	渗水险情	堤脚处，渗流量约为 0.15L/s，冒清水
11	1+380	泡泉险情	堤脚附近，渗流量约为 0.15L/s，冒清水
12	6+780	泡泉险情	距离堤脚 40m 处，渗流量约为 0.15L/s，冒清水
13	2+100	背水脱坡险情	背水面发现约 20m 长的纵向滑坡，未见明显渗水
14	34+190~34+200	泡泉险情	距离堤脚约 50m 处，有直径为 3cm 的渗漏点 2 个，渗流量约为 0.15L/s，冒清水
15	5+250~4+750	渗水险情	堤脚处，有直径为 5cm 的渗漏点 10 个
16	5+600	渗水险情	堤脚处，有直径为 5cm 的渗漏点 10 个，渗流量约为 0.15L/s，冒清水
17	13+600	渗水险情	堤脚处，有直径为 5cm 的渗漏点 5 个，渗流量约为 0.15L/s，冒清水
18	0+750	泡泉险情	距离堤脚约 650m 处，有泡泉群 5 个，出水直径为 20cm，翻沙，渗流量约为 0.2L/s，冒清水
19	2+650	泡泉险情	距离堤脚约 150m 处田里，有泡泉群出水点 5 个，直径为 6cm，渗流量约为 0.15L/s
20	5+995	泡泉险情	距离堤脚二坡横沟 1~2m 处农田里，泡泉 1 处，直径为 5cm，翻沙，渗流量约为 0.15L/s

续表

序号	险情桩号	险情类型	险情描述
21	9+180～ 11+500	渗水险情	堤脚处，有直径为 5cm 的渗漏点 5 个，渗漏量约为 0.15L/s，冒清水
22	11+000	泡泉险情	距离堤脚约 50m 处，有泡泉 1 处，直径为 2～5cm，翻沙，渗流量约为 0.15L/s，冒清水
23	12+900	泡泉险情	距离堤脚处 1～2m 处，有泡泉 5 个，直径为 5cm，翻沙，渗流量约为 0.15L/s，冒清水
24	12+300	穿堤建筑物险情	电排站压力水箱前端约 10m 处出现直径约为 15cm 的孔洞，渗水，水量大，挟带一定泥沙，迎水面未见水流异常，渗流量约为 0.2L/s
25	4+850	穿堤建筑物险情	成六站压力水箱东侧灌溉闸伸缩缝漏水

表 16　　　　　　　**2020 年三角联圩险情统计表**

序号	险情桩号	险情类型	险情描述
1	18+200	泡泉险情	距离堤脚约 100m 处，泡泉，出水量较小，无泥沙带出，风险较低
2	21+300	泡泉险情	泡泉
3	18+000	泡泉险情	泡泉
4	5+000	泡泉险情	2 处泡泉，风险较低
5	18+500	泡泉险情	2019 年老泡泉点出水
6	6+610	泡泉险情	出水量较小，无泥沙带出
7	19+950	泡泉险情	在农田里，离堤有 30m，泡泉，出水量较大，有点泥沙带出
8	5+100	泡泉险情	6 处泡泉，风险较低
9	21+190	泡泉险情	距离堤脚约 20m，泡泉，出水量较大，有泥沙带出
10	8+500	泡泉险情	出水量较小，有泥沙带出
11	34+000	泡泉险情	距离堤脚 7～8m，泡泉，出水量较大，有泥沙带出

续表

序号	险情桩号	险情类型	险 情 描 述
12	21＋260	泡泉险情	在堤脚附近，泡泉，出水量较小，无泥沙带出，清水
13	20＋060	泡泉险情	在农田里，距离堤脚约 50m，泡泉，出水量较小，有泥沙带出
14	85＋300	泡泉险情	2 处大泡泉，出水量较大，有泥沙带出，风险较大
15	8＋475	泡泉险情	1 处泡泉，出水量一般，有泥沙带出
16	9＋000	泡泉险情	1 处泡泉，出水量较大，泥沙量较大，出现塌方
17	8＋300	泡泉险情	1 处泡泉，出水量一般，少量泥沙带出
18	23＋200	漏洞险情	多处漏洞
19	8＋470	背水脱坡险情	背水坡塌方

参 考 文 献

［1］ 国家防汛抗旱总指挥部办公室．防汛手册［M］．北京：中国科学技术出版社，1992．

［2］ 国家防汛抗旱总指挥部办公室．堤防抢险技术［M］．北京：中国水利水电出版社，1998．

［3］ 江西省防汛抗旱总指挥部办公室，江西省水利科学研究所．防汛抢险知识手册［R］，1997．

［4］ 江西省防汛抗旱总指挥部办公室，江西省水利科学研究院．堤防防汛抢险手册［R］，2016．